课书房 新/形/态/教材

高等职业教育建设工程管理类专业系列教材
GAODENG ZHIYE JIAOYU JIANSHE GONGCHENG GUANLI LEI ZHUANYE XILIE JIAOCAI

工程造价综合实训

（建筑与装饰专业）

GONGCHENG ZAOJIA ZONGHE SHIXUN

（ JIANZHU YU ZHUANGSHI ZHUANYE ）

主　编／叶晓容

副主编／杨淑华　刘剑英　张　蕾

U0384080

重庆大学出版社

内容提要

本书根据《建设工程工程量清单计价规范》(GB 50500—2013)、《房屋建筑与装饰工程工程量计算规范》(GB 50854—2013)，参照湖北省现行定额等进行编写。本书共12个学习情境，主要内容包括：建筑与装饰工程的软件建模、手工计量与工程计价，典型构件的手工计量与对量，招标工程量清单、招标控制价与投标报价编制。

本书可作为高等职业教育工程造价、建筑工程管理、建筑工程技术等专业的综合实训用书，也可作为工程造价从业人员的参考用书。

图书在版编目(CIP)数据

工程造价综合实训. 建筑与装饰专业／叶晓容主编
. -- 重庆 :重庆大学出版社,2021.8
高等职业教育建设工程管理类专业系列教材
ISBN 978-7-5689-2860-1

Ⅰ.①工… Ⅱ.①叶… Ⅲ.①建筑造价管理—高等职业教育—教材 Ⅳ.①TU723.3

中国版本图书馆 CIP 数据核字(2021)第 147588 号

高等职业教育建设工程管理类专业系列教材
工程造价综合实训(建筑与装饰专业)
主 编:叶晓容
副主编:杨淑华 刘剑英 张 蕾
责任编辑:刘颖果 版式设计:刘颖果
责任校对:陈 力 责任印制:赵 晟
*
重庆大学出版社出版发行
出版人:饶帮华
社址:重庆市沙坪坝区大学城西路 21 号
邮编:401331
电话:(023) 88617190 88617185(中小学)
传真:(023) 88617186 88617166
网址:http://www.cqup.com.cn
邮箱:fxk@ cqup.com.cn(营销中心)
全国新华书店经销
重庆市国丰印务有限责任公司印刷
*
开本:787mm×1092mm 1/16 印张:10.75 字数:269 千
2021 年 8 月第 1 版 2021 年 8 月第 1 次印刷
印数:1—2 000
ISBN 978-7-5689-2860-1 定价:42.00 元

前言
FOREWORD

　　"工程造价综合实训（建筑与装饰专业）"是一门实践类专业核心课程。学习者在学习这门课程时,已经完成了相关的识图、构造、施工、计量计价及软件操作课程的学习。在进入工作岗位之前,学习者希望通过本课程的学习,能巩固所学知识,提升专业技能,以适应岗位工作的需要;能构建知识体系,具备学习能力,以具备持续发展的动力。课程教师希望能构建教学做一体化的教学模式,通过灵活多样的教学手段,构建高效课程,以符合信息化教学的需求,帮助学习者进行学习,提升职业能力。为此特编写这本活页式数字化教材。

　　本教材在内容的组织与安排上有以下特色:

　　(1)教材结构体现模块化。教材以目前主导的工作作业方式——软件计量计价为主线,分为以下学习情境:

学习情境一	工程准备	学习情境七	首层装饰装修工程计量
学习情境二	首层柱计量	学习情境八	首层其他构件计量
学习情境三	首层梁计量	学习情境九	其他层计量
学习情境四	首层板计量	学习情境十	招标工程量清单编制
学习情境五	首层砌体墙、门窗及二次构件计量	学习情境十一	招标控制价编制
学习情境六	首层飘窗与楼梯计量	学习情境十二	投标报价编制

　　(2)教材内容体现综合化。教材内容的组织以完成工作任务为目的,综合了识图、构造、软件操作方法及计量规则、清单定额运用等各项内容。

　　(3)教材表达具备引导性。在每一个学习情境中,教材均提供学习情境描述、学习目标、工作任务、工作准备、工作实施等环节,引导学生明确任务要求与过程。在工作实施环节,以引导问题的形式,引导学生明确工作思路与方法;结合相关知识点,引导学生自主学习,有效完成工作任务。通过拓展问题、评价反馈、实训总结环节，引导学生总结搭建知识体系，深入思考。

（4）教材形式具备灵活性。本教材采用活页式形式，课程学习者及教师可以根据需求，选取所需部分进行学习，也可以根据自身教学需求，灵活增加学习内容。本教材以湖北省某地区的一个框架结构工程项目为基础，考虑不同院校教学的需求，在教学内容组织时以框架结构工程项目的典型工作内容为主，并结合真实项目特点编写而成。

（5）教材资源具备丰富性。为方便教学，书中附有视频资源，扫描书中二维码即可观看相应资源。同时，配有 CAD 图纸、教学 PPT、计量计价模型等资源。

本教材由湖北城市建设职业技术学院叶晓容担任主编，编写学习情境二、学习情境六、学习情境八、学习情境九、学习情境十、学习情境十一、学习情境十二。学习情境七由湖北城市建设职业技术学院杨淑华编写，学习情境四、学习情境五由湖北城市建设职业技术学院刘剑英编写，学习情境一、学习情境三由湖北城市建设职业技术学院张蕾编写。

在教材编写过程中，查阅和参考了众多文献资料，在此向参考文献的作者致以诚挚的谢意。

限于编者学识经验有限，书中难免存在疏漏之处，恳请读者批评指正。

编者

2021 年 5 月

目录
CONTENTS

1

模块一

工程计量

学习情境一　工程准备

一、学习情境描述

依据实训项目的建筑施工图和结构施工图、国家建筑标准设计图集《混凝土结构施工图平面整体表示方法制图规则和构造详图》16G101系列、《建设工程工程量清单计价规范》（GB 50500—2013）、《房屋建筑与装饰工程工程量计算规范》（GB 50854—2013）、《湖北省房屋建筑与装饰工程消耗量定额及全费用基价表》（2018版），利用造价软件进行实训项目的计量准备工作。

二、学习目标

（1）能在软件中新建工程，正确地选择计算规则、清单定额库和钢筋规则。

（2）能在软件中根据实训项目图纸进行工程信息输入、工程计算设置。

（3）能在软件中定义楼层，修改建筑构件的混凝土强度等级、砂浆强度等级和钢筋锚固方式等。

（4）能在软件中绘制轴网。

三、工作任务

（1）识读实训项目图纸。

（2）在造价软件中新建工程。

（3）完成工程信息输入、工程计算设置。

（4）绘制楼层和轴网。

四、工作准备

（1）阅读工作任务，识读实训项目图纸，明确实训项目的结构类型、抗震设防烈度、抗震等级、室外地坪标高、檐高。

（2）熟悉国家建筑标准设计图集《混凝土结构施工图平面整体表示方法制图规则和构造详图》16G101系列、《建设工程工程量清单计价规范》（GB 50500—2013）、《房屋建筑与装饰工程工程量计算规范》（GB 50854—2013）、《湖北省房屋建筑与装饰工程消耗量定额及全费用基价表》（2018版）等相关图集、标准及规范。

五、工作实施

1.前期准备

（1）在计算机上安装工程造价软件。

（2）与工程计量计价相关的实训图纸、标准、图集、规范、定额等准备到位。

（3）知晓基本的施工工艺流程。

2.新建工程

引导问题1：按照工程地点，在"新建工程"窗口依次选择计算规则中的（　　　　　　　）清单规则、（　　　　　　）定额规则。

引导问题2：根据地区计价特点，在"新建工程"窗口依次选择清单定额库中的（　　　　）清单库、（　　　　　　　）定额库。

引导问题3：根据图纸，在"新建工程"窗口依次选择（　　　　　　）平法规则、（　　　　）汇总方式。

【小提示】　　　　　　　**钢筋规则的选择**

　　根据实训项目图纸结构设计说明中采用的图集，在11G101平法规则、16G101平法规则中做出选择，这直接决定了钢筋工程量计算的正确性。

引导问题4：工程信息中（　　　　　）色字体信息必须填写。

引导问题5：工程信息中檐高为（　　　　　　），结构类型为（　　　　　　　），抗震等级为（　　　　　），设防烈度为（　　　　　），室外地坪标高为（　　　　　　）。

引导问题6：在"钢筋设置"→"计算设置"→"计算规则"中应调整哪些内容？

引导问题7：实训项目中钢筋的连接形式是（　　　　　　　　　　），钢筋定尺尺寸为（　　　　　　　）。

引导问题8：需要进行钢筋比重设置吗？

【小提示】　　　　　　　　　　**檐高**

　　檐高是指设计室外地坪至檐口滴水的高度。屋顶的楼梯间、水箱间等不计入檐高度内。

3.新建楼层

引导问题9：实训项目首层层底结构标高为（　　　　　）m，层高为（　　　　　）m。

引导问题10：实训项目基础层层底结构标高为（　　　　　）m，层高为（　　　　）m。

引导问题11：通过"建模"→"识别楼层表"绘制楼层，软件操作步骤依次为（　　　　　　　　　　　　　　　）。

引导问题12：在造价软件中，新建楼层可以通过（　　　　　　　）、（　　　　　　）等方法绘制。

引导问题13：在造价软件中，软件默认给出（　　　　　　）和（　　　　　　）两个楼层。

引导问题14：实训项目中各构件的混凝土强度等级如下：梁（　　　），板（　　　），柱（　　　），承台（　　　），楼梯（　　　），构造柱（　　　），基础垫层（　　　）。各构件的混凝土保护层厚度如下：梁（　　　），板（　　　），柱（　　　），承台（　　　），楼梯（　　　），构造柱（　　　），基础垫层（　　　）。

引导问题15：在造价软件中，首层的混凝土强度等级和保护层厚度应如何调整？第二层及其他楼层应如何调整？

【小提示】 结构标高和建筑标高的区别

建筑标高是装饰装修完成后的标高；结构标高是装饰装修前的标高。简单地说，建筑标高＝结构标高＋装饰层厚度。

有的设计图中楼面标高就是结构标高，建筑施工图中的标高和结构施工图说明中的标高是一样的，而且大多数建筑设计总说明中都会有"标高为结构标高"的说明。

4.绘制轴网

引导问题16：实训项目下开间依次为＿＿＿＿＿＿＿＿＿＿＿＿＿＿＿

＿＿＿＿＿＿＿＿＿＿＿＿＿＿＿＿＿＿＿＿＿＿＿＿＿＿＿＿＿＿＿＿＿。

引导问题17：实训项目上开间依次为＿＿＿＿＿＿＿＿＿＿＿＿＿＿＿

＿＿＿＿＿＿＿＿＿＿＿＿＿＿＿＿＿＿＿＿＿＿＿＿＿＿＿＿＿＿＿＿＿。

引导问题18：实训项目左进深依次为＿＿＿＿＿＿＿＿＿＿＿＿＿＿＿

＿＿＿＿＿＿＿＿＿＿＿＿＿＿＿＿＿＿＿＿＿＿＿＿＿＿＿＿＿＿＿＿＿。

引导问题19：实训项目右进深依次为＿＿＿＿＿＿＿＿＿＿＿＿＿＿＿

＿＿＿＿＿＿＿＿＿＿＿＿＿＿＿＿＿＿＿＿＿＿＿＿＿＿＿＿＿＿＿＿＿。

引导问题20：在造价软件中,绘制轴网的方法有（　　　　　　）和（　　　　　　）。

引导问题21：定义轴网时,需要依次确定上下开间和左右进深的数据,确定数据的方法有（　　　　　）、（　　　　　）和（　　　　　　）。

引导问题22：识别轴网之前,需要通过（　　　　　　）、（　　　　　　）操作,将图纸导入软件中。

引导问题23：通过识别绘制轴网,软件操作步骤依次为＿＿＿＿＿＿＿＿＿

＿＿＿＿＿＿＿＿＿＿＿＿＿＿＿＿＿＿＿＿＿＿＿＿＿＿＿＿＿＿＿＿＿。

引导问题24：轴网绘制完成后,还可以修改轴号、轴距、改变轴号位置吗？

【小提示】 开间和进深

开间：相邻两横墙间距离。横墙是指沿建筑物短轴布置的墙。

进深：相邻两纵墙间距离。纵墙是指沿建筑物长轴方向布置的墙。

六、拓展问题

（1）基础埋深不一致时,在造价软件楼层设置环节该如何处理？

（2）跃式建筑在造价软件中如何绘制楼层？

（3）简述直接绘制轴网和识别绘制轴网两种方法各自的优缺点。

七、相关知识点

目前国内造价软件种类多,工程量计算的思路大致分为以下步骤：工程设置、建立构件及套用做法、绘制构件、生成模型、汇总计算、工程量清单输出和复核、查看报表等。

1.启动软件

可以通过"开始"菜单启动软件,也可以双击桌面快捷图标启动软件。

2.新建工程

通过"新建向导",进入"新建工程"窗口,设置工程基本信息。

首先,输入工程名称,根据工程地区依次选择计算规则、定额库、清单库、平法规则和汇总方式,如图1-1所示。

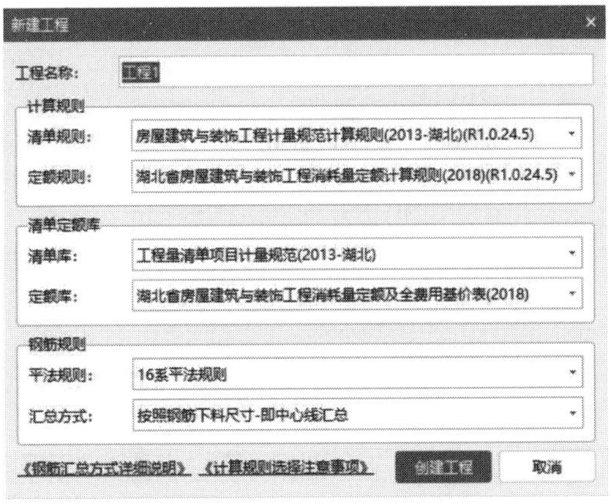

新建工程

图 1-1 新建工程

其次,设置工程信息。在建模界面,单击"工程设置"→"工程信息",软件弹出"工程信息"窗口。其中,蓝色字体为必填信息,如室外地坪输入不正确会影响土方、回填、外墙脚手架、外墙抹灰及装饰等工程量计算。根据图纸设计说明及需要,依次填写工程类别、项目代号、结构类型、基础形式、建筑特征、层数、抗震等级、建筑面积、檐口高度、室内外标高等基础数据,如图1-2所示。

工程信息设置

图 1-2 工程信息设置

再次，设置计算规则。一般来说，需要对当前工程钢筋规则的设置进行修改，包含计算规则、节点设置、箍筋设置、搭接设置、箍筋公式 5 个部分内容。在准备工作阶段，一般重点进行计算规则和搭接设置。

在建模界面，单击“钢筋设置”→“计算设置”，软件弹出“计算设置”窗口。在“计算规则”页面，先在左侧选择构件类型，然后在右侧根据需要修改计算规则。在“搭接设置”页面，可以针对不同的钢筋级别和钢筋直径，调整搭接的形式和定尺的长度。依据湖北省现行定额的规定，ϕ10 以内的长钢筋按每 12 m 计算一个搭接（接头），ϕ10 以上的长钢筋按每 9 m 计算一个搭接（接头）。

计算规则设置

3.楼层设置

根据图纸的楼层信息建立楼层，并进行楼层信息设置。

建立楼层有多种方法，如手动输入、识别楼层表。基础层与首层的楼层编码及其名称不能修改，楼层号必须连续，顶层一般单独定义，如图 1-3 所示。

首层	编码	楼层名称	层高(m)	底标高(m)	相同层数	板厚(mm)	建筑面积(m2)	备注
☐	7	屋面	3	17.97	1	120	(0)	
☐	6	复式层	3	14.97	1	120	(0)	
☐	5	第5层	3	11.97	1	120	(0)	
☐	4	第4层	3	8.97	1	120	(0)	
☐	3	第3层	3	5.97	1	120	(0)	
☐	2	第2层	3	2.97	1	120	(0)	
☑	1	首层	3.12	-0.15	1	120	(0)	
☐	0	基础层	2.15	-2.3	1	500	(0)	

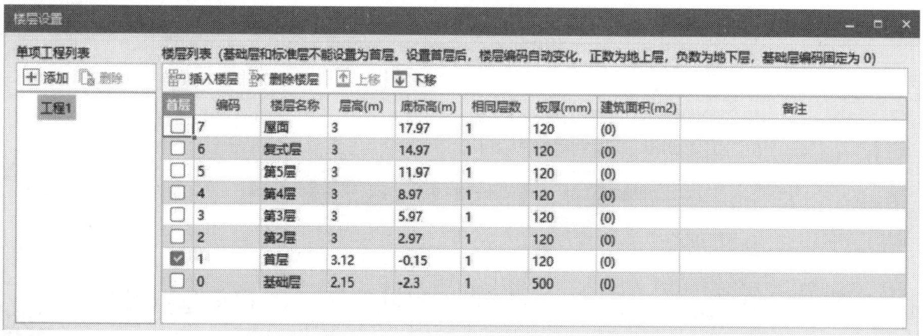

图 1-3　楼层列表

1）新建楼层

单击“工程设置”→“楼层设置”，软件弹出“楼层设置”窗口，系统默认了首层和基础层。结合结构施工图，手动调整层高和首层底标高。通过“插入楼层”可以增加楼层数量，并修改相应楼层的层高，以此实现楼层的设置。需要注意：选中基础层后，可以插入地下室层；选中首层后，可以插入地上层。

2）识别楼层

单击“图纸管理”→“添加图纸”，选择图纸所在位置，单击“打开”按钮即可将 CAD 图纸添加到软件中。单击“识别楼层表”按钮，鼠标左键拉框选择施工图中的楼层表，单击鼠标右键确认。删除无用行后，单击“识别”按钮，即可完成楼层表的识别。单击“工程设置”→“楼层设置”，检查楼层信息的准确性，并修正基础层层高。

楼层设置

楼层设置完成后，根据图纸设计，对本层每种构件的混凝土强度等级、保护层厚度进行调整。当前层调整完成后，可以使用“复制到其他楼层”功能将当前设置复制到其他楼层。

4.轴网绘制

轴网分为正交轴网、圆弧轴网和斜交轴网。根据图纸建立轴网，通过手动建立或自动识别轴网两种方式完成。

1）新建轴网

在结构树中选择"轴网"→"轴网"，在构件列表中单击"新建"→"新建正交轴网"，依据图纸尺寸，分别输入下开间、左进深、上开间、右进深轴距。轴距输入可以从常用数值中选取，也可以直接输入，还可以在"定义数据"中以","分隔输入轴号和轴距，如 A，3600，B，3600，C，……定义完成后，右侧自动生成轴网预览。关闭轴网定义窗口后，软件弹出"请输入角度"窗口，依据图纸设计，输入角度，单击"确定"按钮即可完成轴网绘制，如图 1-4 所示。输入角度时，逆时针为正值，顺时针为负值，0°不旋转。

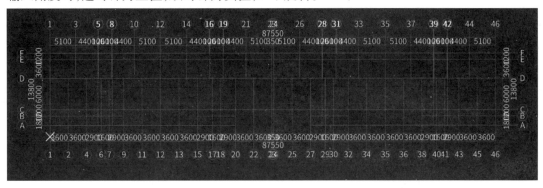

图 1-4　轴网

2）识别轴网

识别轴网前，需要将 CAD 图纸进行"分割"操作。在"图纸管理"中，单击"分割"→"自动分割"，软件会自动查找图纸边框线和图纸名称并自动分割图纸，若找不到合适名称则会自动命名。单击"分割"→"手动分割"，鼠标左键拉框选择要分割的图纸，单击鼠标右键确认；输入图纸名称或用鼠标左键单击图纸名称，鼠标右键确认。图纸分割完成后，双击所需的已分割好的图纸名称，绘图区域即可显示分割后的图纸。

识别轴网

单击"建模"→"轴网"→"识别轴网"，按照提示，依次"提取轴线"→"提取标注"→"自动识别"，即可完成轴网的识别。

3）轴网的二次编辑

对轴网绘制或识别错误、遗漏的部分，可以通过轴网二次编辑的"修改轴距"、"修改轴号"、"修改轴网位置"等功能进行调整。

八、评价反馈（表1-1）

表1-1　工程准备学习情境评价表

序号	评价项目	评价标准	满分	评价			综合得分
				自评	互评	师评	
1	新建工程	清单和定额规则选择恰当； 清单库、定额库选择正确； 平法规则和汇总方式选择正确	10				
2	工程设置	工程信息填写准确； 工程计算规则选择恰当； 钢筋连接方式及定尺尺寸填写准确	20				
3	新建楼层	首层底标高填写正确； 各层层高填写正确； 混凝土强度等级填写正确； 保护层厚度填写正确； 新建楼层速度快慢	30				
4	绘制轴网	开间、进深数据准确； 轴线编号正确； 轴线绘制速度快慢	30				
5	工作过程	严格遵守工作纪律，按时提交工作成果； 积极参与教学活动，具备自主学习能力； 积极参与小组活动，具备倾听、协作与分享意识	10				
小　计			100				

九、实训总结

请针对实训任务的完成情况,进行相关知识点与技能点、知识难点与重点、工作流程与方法、自我感受等内容的梳理与总结。

学习情境二　首层柱计量

一、学习情境描述

依据《建设工程工程量清单计价规范》(GB 50500—2013)、《房屋建筑与装饰工程工程量计算规范》(GB 50854—2013)、《湖北省房屋建筑与装饰工程消耗量定额及全费用基价表》(2018 版),完成实训项目中首层柱的软件建模及计量(图 2-1),并进行手工计量对量,掌握柱的工程量计算方法。

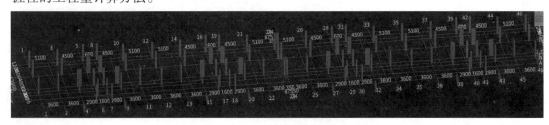

图 2-1　首层柱建模成果

二、学习目标

(1)能结合实训项目图纸,选择适当的绘制方法,完成首层柱的属性定义与绘制。

(2)能正确运用清单与定额工程量计算规则,完成首层柱的工程量计算。

(3)能完成首层柱的做法套用与软件提量。

三、工作任务

(1)识读柱相关图纸,完成首层柱的软件建模。

(2)利用首层柱的手工计量结果进行对量,再进行首层柱的做法套用与软件提量。

四、工作准备

(1)阅读工作任务,识读实训项目图纸,明确柱的类型、截面尺寸、标高、配筋情况与平面位置。

(2)收集《建设工程工程量清单计价规范》(GB 50500—2013)、《房屋建筑与装饰工程工程量计算规范》(GB 50854—2013)、《湖北省房屋建筑与装饰工程消耗量定额及全费用基价表》(2018 版)中关于柱计量的相关知识。

(3)结合工作任务分析柱计量中的难点和常见问题。

五、工作实施

1.柱的软件计量

引导问题 1：按照截面形式，KZ 属于（　　　　　　　　　）。通过识读柱表可知，首层 KZ1 截面为（　　　　　　　　），柱角筋为（　　　　　　　　），中筋为（　　　　　　　），箍筋为（　　　　　　　）。

引导问题 2：在进行柱属性定义时，B 边是指（　　　　　　　），H 边是指（　　　　　　）。（　　　　　　　）、（　　　　　　　）、（　　　　　　）只有在"全部纵筋"属性为空时才能输入。除了当前构件中已输入钢筋以外，还有需要计算的钢筋，可以通过（　　　　　　）、（　　　　　　　）输入。

引导问题 3：柱表的识别步骤是（

　　　　　　　　　　　　　　　　　　　　　　　　　　　　）。

引导问题 4：柱大样的识别步骤是（

　　　　　　　　　　　　　　　　　　　　　　　　　　　　）。

【小提示】　　　　　　柱平法施工图表达方法

①列表注写方式。在柱平面布置图上，分别在同一编号的柱中选择一个或多个截面标注几何参数代号，在柱表中注写柱编号、柱段起止标高、柱截面尺寸与轴线的关系、纵筋规格、箍筋类型、箍筋型号等内容。

②截面注写方式。在柱平面布置图上，在同一编号的柱中选择一个截面，将其放大，直接注写柱编号、柱段起止标高、截面尺寸、纵向钢筋、箍筋等内容。

引导问题 5：柱构件采用（　　　　　　）绘制方法。在插入柱之前，可以按（　　　　　　）键进行左右镜像翻转，按（　　　　　）键进行上下镜像翻转，按（　　　　　　）键改变插入点。当需要将某个图元边线与其他构件边线平齐时，可以使用（　　　　　　）功能。

引导问题 6：柱的识别步骤是（

　　　　　　　　　　　　　　　　　　　　　　　　　　　　）。

2.柱的手工对量

引导问题 7：依据现行清单工程量计算规范，柱混凝土工程量应按（　　　　　　　）以（　　　　　　　）计算。有梁板柱高应自（　　　　　　　）至（　　　　　　　）高度计算。

【小提示】 **柱混凝土清单工程量计算规则（表2-1）**

表2-1　柱混凝土清单工程量计算规则

项目编码	项目名称	项目特征	计量单位	工程量计算规则	工作内容
010502001	矩形柱	1.混凝土种类 2.混凝土强度等级	m³	按设计图示尺寸以体积计算 柱高： 1.有梁板的柱高,应自柱基上表面(或楼板上表面)至上一层楼板上表面之间的高度计算 2.无梁板的柱高,应自柱基上表面(或楼板上表面)至柱帽下表面之间的高度计算 3.框架柱的柱高,应自柱基上表面至柱顶高度计算 4.构造柱按全高计算,嵌接墙体部分(马牙槎)并入柱身体积 5.依附柱上的牛腿和升板的柱帽,并入柱身体积计算	1.模板及支架(撑)制作、安装、拆除、堆放、运输及清理模内杂物、刷隔离剂等 2.混凝土制作、运输、浇筑、振捣、养护
010502002	构造柱				
010502003	异形柱	1.柱形状 2.混凝土种类 3.混凝土强度等级			

引导问题8：依据现行清单工程量计算规范,柱模板工程量应按（　　　　　　　　）乘以（　　　　　　），以（　　　　　　）计算,应扣除（　　　　　　　　）所占面积。

【小提示】 **柱模板清单工程量计算规则（表2-2）**

表2-2　柱模板清单工程量计算规则

项目编码	项目名称	项目特征	计量单位	工程量计算规则	工作内容
011702002	矩形柱		m²	按模板与现浇混凝土构件的接触面积计算 1.现浇钢筋混凝土墙、板单孔面积≤0.3 m²的孔洞不予扣除,洞侧壁模板亦不增加;单孔面积>0.3 m²时应予扣除,洞侧壁模板面积并入墙、板工程量内计算 2.现浇框架分别按梁、板、柱有关规定计算;附墙柱、暗梁、暗柱并入墙内工程量计算 3.柱、梁、墙、板相互连接的重叠部分,均不计算模板面积	1.模板制作 2.模板安装、拆除、整理堆放及场内外运输 3.清理模板黏结物及模内杂物、刷隔离剂等
011702003	构造柱				
011702004	异形柱	柱截面形状			

引导问题9：依据现行定额,柱混凝土与柱模板的定额工程量与清单工程量是否一致？

引导问题10：柱钢筋种类主要包括（　　　　　　　　）、（　　　　　　　　）。

引导问题11:柱纵筋长度计算方法是( )。

引导问题12:双肢箍筋的单根长度计算方法是( ),单肢箍筋的单根长度计算方法是( )。

引导问题13:首层柱箍筋应在( )、( )、( )处进行加密。箍筋根数的计算方法是( )。

【小提示】　　　　　　**钢筋清单工程量计算规则(表 2-3)**

表 2-3　钢筋清单工程量计算规则

项目编码	项目名称	项目特征	计量单位	工程量计算规则	工作内容
010515001	现浇构件钢筋	钢筋种类、规格	t	按设计图示钢筋(网)长度(面积)乘单位理论质量计算	1.钢筋制作、运输 2.钢筋安装 3.焊接(绑扎)
010515002	预制构件钢筋				

引导问题14:试计算 KZ1 的混凝土、模板及钢筋工程量。

_____

_____

_____

_____

_____

_____

3.柱的做法套用

引导问题15:KZ1 混凝土应按( )项目进行清单列项,清单编码为( ),项目特征为( ),套用定额项目为( )。

引导问题16:KZ1 模板应按( )项目进行清单列项,清单编码为( ),项目特征为( ),套用定额项目为( )。

引导问题17:使用( )功能,可以把当前构件下套用的清单、定额做法数据全部或部分复制给其他构件。

4.柱工程量汇总与查看

引导问题18:使用( )功能,可以计算全部或部分构件工程量;使用( )功能,可以计算某个构件部分图元工程量。

引导问题19:"查看工程量计算式"功能可以用于( );"查看工程量"功能可以用于( )。

引导问题20:首层柱混凝土的清单工程量为( ),首层柱模板的定额工程量为( ),KZ1 的混凝土清单工程量为( )。首层柱⚓14 钢筋工程量为( ),φ8 箍筋工程量为( )。

六、拓展问题

（1）柱构件属性中"泵送高度"是什么意思？对工程量有影响吗？

（2）柱构件属性中"截面编辑"有什么作用？

（3）汇总计算后做法表没有工程量，是什么原因造成的呢？

七、相关知识点

1.柱的属性定义与绘制

（1）在导航树中选择"柱"→"柱"，在构件列表中单击"新建"→"新建矩形柱"。依据图纸设计，在"属性列表"中进行柱的属性定义，如图 2-2 所示。属性定义内容主要包括柱的名称、截面尺寸、钢筋信息和标高信息等。

	属性名称	属性值	附加
1	名称	KZ1	
2	结构类别	框架柱	☐
3	定额类别	普通柱	☐
4	截面宽度(B边)(...	375	☐
5	截面高度(H边)(...	375	☐
6	全部纵筋		☐
7	角筋	4⽥14	☐
8	B边一侧中部筋	1⽥14	☐
9	H边一侧中部筋	1⽥14	☐
10	箍筋	⽥6@100/200(3*3)	☐
11	节点区箍筋		☐
12	箍筋胶数	3*3	
13	柱类型	(中柱)	☐
14	材质	现浇混凝土	☐
15	混凝土类型	(碎石混凝土 坍落...	☐
16	混凝土强度等级	(C25)	☐
17	混凝土外加剂	(无)	
18	泵送类型	(混凝土泵)	
19	泵送高度(m)		
20	截面面积(m²)	0.141	☐
21	截面周长(m)	1.5	☐
22	顶标高(m)	层顶标高	☐
23	底标高(m)	层底标高	☐

图 2-2　柱的属性定义

（2）在绘图界面，利用"点"功能，在绘图区用鼠标左键单击一点作为构件的插入点，将柱绘制在相应轴线相交处。

（3）在插入之前，按"F3"键可以进行左右镜像翻转，按"Shift+F3"键可以进行上下镜像翻转，按"F4"键可以改变插入点。也可以在按下"Shift"键的同时单击鼠标左键，通过在弹出的窗口中输入偏移距离来确定柱的插入点。

（4）当柱不以轴网交点为对称中心时，可运用"对齐"、"查改标注"等功能调整柱的偏移距离。

2.柱的识别与绘制

（1）单击"建模"→"识别柱表"，拉框选择柱表中的数据，单击鼠标右键确认选择。在弹出的"识别柱表"窗口中，使用上方的"查找替换"、"删除行"等功能对柱表信息进行修改，如图 2-3 所示。确认信息准确无误后单击"识别"按钮即可，软件会根据柱表信息生成柱构件。

柱表的识别

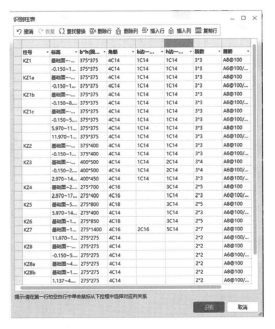

图 2-3 柱表的识别

（2）单击"建模"→"识别柱"，根据软件提示，单击"提取边线"，点选或框选需要提取的柱边线 CAD 图元；单击"提取标注"，点选或框选需要提取的柱标注 CAD 图元。单击"自动识别"，则提取的柱边线和柱标注被识别为软件的柱构件，并弹出识别成功的提示。

柱的识别

（3）使用"镜像"功能完成㉔—㊻轴柱的绘制。

3.柱的工程量计算与查看

（1）在"工程量"界面，单击"汇总计算"，弹出汇总计算提示框；选择需要汇总的楼层、构件及汇总项，单击"确定"按钮进行计算汇总；汇总结束后弹出计算汇总成功提示。

（2）在"工程量"界面，单击"查看报表"，选择"钢筋工程量"，可查看本层柱钢筋工程量；选择"土建工程量"→"构件汇总分析"，可查看本层柱的混凝土与模板的清单工程量或定额工程量。

（3）在"工程量"界面，单击"查看报表"，选择"设置报表范围"，可选择查看某一楼层、某种构件的钢筋工程量或土建工程量。

（4）在"工程量"界面，单击"查看计算式"，鼠标左键选择需要查看计算式的图元，弹出"查看工程量计算式"窗口，可查看该图元的土建工程量计算式、详细计算式等内容，如图 2-4 所示。

图 2-4 查看计算式

（5）在"工程量"界面，单击"查看工程量"，在绘图区点选或拉框选择需要查看土建工程量的图元；单击"查看构件图元工程量"→"设置分类及工程量"，根据实际工程所需可自行勾选分类条件；单击"确定"按钮，即可查看所需工程量。

（6）在"工程量"界面，单击"查看钢筋量"，在绘图区选择需要查看的图元，弹出"查看钢筋量表"界面，即可看到所需查看构件的钢筋量。

（7）在"工程量"界面，单击"编辑钢筋"，在绘图区选择需要查看钢筋详细计算的构件，即可看到当前构件的钢筋总量、钢筋的计算明细，包含钢筋的直径、级别、图形、计算公式、公式描述、长度、根数、单重及总重，如图 2-5 所示。

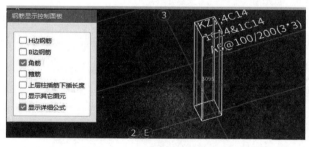

图 2-5　编辑钢筋

（8）在"工程量"界面，单击"钢筋三维"，在绘图区选择需要的图元，即可看到钢筋三维显示效果。同时，可以配合绘图区右侧的动态观察等功能，全方位地查看当前构件的三维显示效果。在三维显示状态下，单击某根钢筋，可以查看该根钢筋的长度公式；在绘图区左侧有一个悬浮的"钢筋显示控制面板"，可以控制当前构件的三维显示钢筋种类，如图 2-6 所示。

图 2-6　钢筋三维

4.首层柱计量与对量

1）混凝土工程量

（1）依据现行清单工程量计算规范，首层矩形柱混凝土清单工程量按设计图示尺寸以体积计算。

$$V = S \times H \times N \qquad (2\text{-}1)$$

式中　S——柱截面积；

　　　H——柱高，有梁板的柱高，应自柱基上表面（或楼板上表面）至上一层楼板上表面之间的高度计算；无梁板的柱高，应自柱基上表面（或楼板上表面）至柱帽下表面

柱混凝土与
模板工程量
对量

之间的高度计算；

　　N——柱数量。

　　（2）依据现行定额工程量计算规则，首层矩形柱混凝土定额工程量按设计图示尺寸以体积计算，计算方法同清单工程量。

　　2）模板工程量

　　（1）依据现行清单工程量计算规范，首层矩形柱模板清单工程量按设计图示尺寸以面积计算，柱、梁、墙、板相互连接的重叠部分均不计算模板面积。

$$S=L \times H \times N-S_{扣除} \tag{2-2}$$

式中　L——柱截面周长；

　　　H——柱高；

　　　N——柱数量；

　　　$S_{扣除}$——柱、梁、墙、板相互连接的重叠部分面积。

　　（2）依据现行定额工程量计算规则，首层矩形柱模板定额工程量按柱周长乘以柱高以面积计算。柱高自柱基上表面算至上一层楼板下表面。柱、墙、梁、板、栏板相互连接的重叠部分均不扣除模板面积。

　　3）钢筋工程量

　　依据钢筋工程量计算规则，首层柱钢筋应按钢筋的不同种类和规格、接头形式分别列项，并按质量（设计长度乘以单位理论质量）计算工程量。

　　（1）首层纵筋：

$$纵筋长度\ L=H-h_1+h_2 \tag{2-3}$$

式中　H——层高；

　　　h_1——当前层伸出地面的高度；

　　　h_2——上一层伸出楼地面的高度。

　　纵筋的伸出长度包含非连接区长度和纵筋错开距离。首层为嵌固部位时，非连接区长度$\geqslant H_n/3$；首层为非嵌固部位时，非连接区长度为$\max(H_n/6,500\ \text{mm},H_c)$。其中，$H_n$是所在楼层的柱净高，$H_c$是柱截面长边尺寸。纵筋错开距离应区别绑扎连接（$\geqslant 0.3l_{lE}$）、机械连接（$\geqslant 35d$）、焊接连接$[\geqslant \max(500\ \text{mm},35d)]$确定。

　　纵筋根数根据图示设计，由图中读取。

　　（2）箍筋。箍筋常用的复合方式为$m \times n$肢箍形式，由外封闭箍筋、小封闭箍筋和单肢箍筋组成。箍筋长度计算就是复合箍筋总长度的计算。

柱箍筋工程量
对量

　　单肢箍筋长度 $L=B(H)-2 \times C+2 \times L_w \tag{2-4}$

　　外封闭箍筋长度 $L=(B-2 \times C) \times 2+(H-2 \times C) \times 2+2 \times L_w \tag{2-5}$

　　小封闭箍筋长度 $L=\left(\dfrac{B-2 \times C-d_1-2 \times d_2}{N_1-1} \times N_2+d_1+2 \times d_3\right) \times 2+(H-2 \times C) \times 2+2 \times L_w \tag{2-6}$

式中　B——B边长度；

　　　H——H边长度；

　　　C——保护层厚度；

　　　d_1——纵筋直径；

d_2——外封闭箍筋直径；

d_3——小封闭箍筋直径；

N_1——纵筋根数；

N_2——间距个数；

L_w——箍筋弯钩长度，$L_w = \max(10d, 75\ \text{mm}) + 1.9d$。

箍筋根数需分别计算加密区与非加密区箍筋根数，再汇总为总根数。

$$箍筋根数\ N = \frac{加密区长度}{加密间距} + \frac{非加密区长度}{非加密间距} + 1 \tag{2-7}$$

首层柱箍筋的加密区范围包括下部加密区、上部加密区和梁节点范围加密区。如果采用绑扎搭接，那么搭接范围内同时需要加密。下部为嵌固部位时，箍筋加密区长度取 $H_n/3$；下部为非嵌固部位时，加密区长度取 $\max(500\ \text{mm}, 柱长边尺寸, H_n/6)$；上部加密区长度取 $\max(500\ \text{mm}, 柱长边尺寸, H_n/6)$。

5.首层柱的做法套用

（1）在"定义"→"构件做法"中，通过查询清单库、查询定额库、添加清单、添加定额等进行 KZ 的混凝土清单和定额项目的做法套用。

柱的做法套用

（2）在"工程量表达式"中选择"TJ〈体积〉"，完成 KZ 的混凝土提量；在"工程量表达式"中选择"MBMJ〈模板面积〉"，完成 KZ 的模板提量，如图 2-7 所示。

	编码	类别	名称	项目特征	单位	工程量表达式	表达式说明	单价	综合单价
1	⊟ 010502001	项	矩形柱		m3	TJ	TJ〈体积〉		
2	A2-11	定	现浇混凝土 矩形柱		m3	TJ	TJ〈体积〉	4312.85	
3	⊟ 011702002	项	矩形柱		m2	MBMJ	MBMJ〈模板面积〉		
4	A16-49	定	矩形柱 组合钢模板 钢支撑3.6m以内		m2	MBMJ	MBMJ〈模板面积〉	4482.4	

查询匹配清单 | 查询匹配定额 | 查询外部清单 | 查询清单库 | 查询定额库

楼地面工程
墙、柱面工程
幕墙工程
天棚工程
油漆、涂料、裱糊工程
其他装饰工程
拆除工程
模板工程
　现浇混凝土模板
　　基础
　　柱
　　梁

	编码	名称
1	A16-49	矩形柱 组合钢模板 钢支撑3.6m以内
2	A16-50	矩形柱 胶合板模板 钢支撑3.6m以内
3	A16-51	构造柱 组合钢模板 钢支撑3.6m以内
4	A16-52	构造柱 胶合板模板 钢支撑3.6m以内
5	A16-53	异形柱 组合钢模板 3.6m以内钢支撑
6	A16-54	异形柱 胶合板模板 3.6m以内钢支撑
7	A16-55	异形柱 木模板 木支撑
8	A16-56	圆形柱 胶合板模板 3.6m以内钢支撑
9	A16-57	圆形柱 木模板 木支撑
10	A16-58	柱支撑 高度超过3.6m，每增加1m 钢支撑
11	A16-59	矩形柱 胶合板模板 8m以内钢支撑
12	A16-60	柱支撑 高度超过8m，每增加1m 钢支撑
13	A16-61	矩形柱 胶合板模板20m以内 钢支撑
14	A16-62	柱支撑 高度超过20m，每增加1m 钢支撑

图 2-7 柱的做法套用

（3）首先选中需要刷新到其他构件的做法行，然后再单击"做法刷"。在弹出的"做法刷"窗口中，勾选需要复制做法的柱，单击"确定"按钮确认。通过"汇总计算"，在"工程量"→"查看报表"中查询"清单定额汇总表"，即可查看相应的清单列项、定额列项及相应的工程量。

八、评价反馈（表2-4）

表2-4 首层柱计量学习情境评价表

序号	评价项目	评价标准	满分	评价			综合得分
				自评	互评	师评	
1	柱的软件计量	柱绘制方法选择恰当； 柱的属性定义、绘制操作正确； 柱表识别、柱的识别操作正确	35				
2	柱的手工计量	能正确理解与运用柱的混凝土、模板工程量计算规则； 柱混凝土工程量计算正确； 柱模板工程量计算正确； 柱钢筋工程量计算正确	35				
3	柱的做法套用	柱的清单列项与提量正确； 柱的定额列项与提量正确	10				
4	柱的工程量计算与查看	能根据需要计算所需工程量； 能根据需要查看所需工程量	10				
5	工作过程	严格遵守工作纪律，按时提交工作成果； 积极参与教学活动，具备自主学习能力； 积极参与小组活动，具备倾听、协作与分享意识	10				
小 计			100				

九、实训总结

请针对实训任务的完成情况，进行相关知识点与技能点、知识难点与重点、工作流程与方法、自我感受等内容的梳理与总结。

学习情境三 　首层梁计量

一、学习情境描述

依据建筑施工图和结构施工图、国家建筑标准设计图集《混凝土结构施工图平面整体表示方法制图规则和构造详图》16G101 系列、《建设工程工程量清单计价规范》(GB 50500—2013)、《房屋建筑与装饰工程工程量计算规范》(GB 50854—2013)、《湖北省房屋建筑与装饰工程消耗量定额及全费用基价表》(2018 版),完成实训项目首层梁的软件建模及计量(图 3-1),并进行手工计量对量,掌握梁的工程量计算方法。

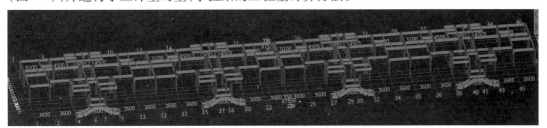

图 3-1　首层梁建模成果

二、学习目标

(1)能结合实训项目图纸,选择适当的绘制方法,完成首层梁的属性定义与绘制。

(2)能正确运用清单与定额工程量计算规则,进行首层梁的工程量计算。

(3)能完成首层梁的做法套用与软件提量。

三、工作任务

(1)识读梁相关图纸,完成首层梁的软件建模。

(2)利用首层梁的手工计量结果进行对量,再进行首层梁的做法套用与软件提量。

四、工作准备

(1)阅读工作任务,识读实训项目图纸,明确梁的类型、截面尺寸、标高、配筋等基本信息。

(2)收集《混凝土结构施工图平面整体表示方法制图规则和构造详图(现浇混凝土框架、剪力墙、梁、板)》(16G101—1)、《建设工程工程量清单计价规范》(GB 50500—2013)、《房屋建筑与装饰工程工程量计算规范》(GB 50854—2013)、《湖北省房屋建筑与装饰工程消耗量定额及全费用基价表》(2018 版)中关于梁计量的相关知识。

(3)结合工作任务分析梁计量中的难点和常见问题。

五、工作实施

1.梁的软件计量

引导问题1：进行首层梁建模计量前，应识读（　　　　　　　）图。通过识读实训项目图纸可知，KL5属于（　　　　）梁，跨数为（　　　　），其截面尺寸为（　　　　），上部配置（　　　）根（　　　）纵向通长筋，下部配置（　　　　）根（　　　）纵向通长筋。KL5加密区箍筋为直径（　　　）mm、间距（　　　）mm的（　　　）肢箍；非加密区箍筋为直径（　　　）mm、间距（　　　）mm的（　　　）肢箍。

引导问题2：在进行梁属性定义时，KL5截面宽度为（　　　　）mm，截面高度为（　　　　）mm，轴线距离梁左边（　　　）mm，定额类别选择（　　　　　　），材质选择（　　　　）。

引导问题3：梁在绘制时，先绘制（　　　）梁，后绘制（　　　）梁，按照（　　　　）方向绘制，以保证所有的梁都能绘制完全。

引导问题4：绘制梁可采用（　　　　　　　）、（　　　　　　　）等方法。

> **【小提示】**　　　　　　　　**梁平法施工图表达方法**
>
> ①平面注写方式。在梁平面布置图上，分别在不同编号的梁中各选一根梁，在其上注写截面尺寸和配筋具体数值的方式来表达梁平法施工图。平面注写包括集中标注与原位标注。集中标注表达梁的通用数值，原位标注表达梁的特殊数值。
>
> ②截面注写方式。在分标准层绘制的梁平面布置图上，分别在不同编号的梁中各选择一根梁用剖面号引出配筋图，并在其上注写截面尺寸和配筋具体数值的方式来表达梁平法施工图。截面注写方式既可单独使用，也可与平面注写方式结合使用。

引导问题5：梁构件采用（　　　　　　）绘制方法。在绘图界面，单击（　　　　　　　）功能，鼠标依次单击梁的（　　　　　　）和（　　　　　　）。如果在绘制时要求KL和KZ一侧对齐，可以采用（　　　　　　）或（　　　　　　）实现对齐。

引导问题6：KL绘制完成后，只完成了梁的集中标注信息输入，还需要通过（　　　　　）完成梁的原位标注信息输入，直到KL的图元显示为绿色。

引导问题7：识别梁的基本步骤是（　　　　　　　　　　　　　　　）。对于未完成识别的梁构件，可采用（　　　　　　）、（　　　　　　）方法绘制。若软件提示"跨数不对"，可以通过（　　　　　　）解决；若提示"详楼梯大样有未使用的原位标注"，可以通过（　　　　　　）解决。

引导问题8：如果图纸中某些梁构件呈现对称布置，可以采用（　　　　）命令快速绘制图元。

引导问题9：梁吊筋与附加箍筋应如何设置？

2.梁的手工对量

引导问题10：依据现行清单工程量计算规范，梁混凝土工程量应按（　　　　　　）以（　　　　）计算。各种梁的长度按下列规定计算：梁与柱连接时，梁长算至（　　　）侧面；次梁与主梁连接时，次梁长算至（　　　）侧面，伸入墙内的梁头或梁垫体积应并入梁体积内计算。

【小提示】

梁混凝土清单工程量计算规则（表 3-1）

表 3-1　梁混凝土清单工程量计算规则

项目编码	项目名称	项目特征	计量单位	工程量计算规则	工作内容
010503001	基础梁	1.混凝土种类 2.混凝土强度等级	m³	按设计图示尺寸以体积计算。伸入墙内的梁头、梁垫并入梁体积内 梁长： 1.梁与柱连接时,梁长算至柱侧面 2.主梁与次梁连接时,次梁长算至主梁侧面	1.模板及支架（撑）制作、安装、拆除、堆放、运输及清理模内杂物、刷隔离剂等 2.混凝土制作、运输、浇筑、振捣、养护
010503002	矩形梁				
010503003	异形梁				
010503004	圈梁				
010503005	过梁				
010503006	弧形、拱形梁				

引导问题 11：依据现行清单工程量计算规范,梁模板工程量应按(　　　　　)乘以(　　　　　)以(　　　　　)计算。应扣除(　　　　　　　　　　)所占面积。

【小提示】

梁模板清单工程量计算规则（表 3-2）

表 3-2　梁模板清单工程量计算规则

项目编码	项目名称	项目特征	计量单位	工程量计算规则	工作内容
011702001	基础	基础类型	m²	按模板与现浇混凝土构件的接触面积计算 1.现浇钢筋混凝土墙、板单孔面积≤0.3 m²的孔洞不予扣除,洞侧壁模板亦不增加;单孔面积>0.3 m²时应予扣除,洞侧壁模板面积并入墙、板工程量内计算 2. 现浇框架分别按梁、板、柱有关规定计算;附墙柱、暗梁、暗柱并入墙内工程量内计算 3.柱、梁、墙、板相互连接的重叠部分,均不计算模板面积 4.构造柱按图示外露部分计算模板面积	1.模板制作 2.模板安装、拆除、整理堆放及场内外运输 3.清理模板黏结物及模内杂物、刷隔离剂等
011702002	矩形柱				
011702003	构造柱				
011702004	异形柱	柱截面形状			
011702005	基础梁	梁截面形状			
011702006	矩形梁	支撑高度			
011702007	异形梁	1.梁截面形状 2.支撑高度			
011702008	圈梁				
011702009	过梁				

引导问题 12：根据《湖北省房屋建筑与装饰工程消耗量定额及全费用基价表》（2018版）,梁混凝土与梁模板的定额工程量与清单工程量是否一致?

引导问题 13：梁钢筋种类主要包括(　　　　　)、(　　　　　)、(　　　　　)等。

引导问题 14：梁通长筋长度计算公式是(　　　　　　　　　　　　　　　　　)。

引导问题 15：梁支座负筋的单根长度计算方法是(　　　　　　　　　　　　)。

引导问题 16：梁双肢箍筋的单根长度计算方法是（   ），
梁单肢箍筋的单根长度计算方法是（   ）。

引导问题 17：实训项目抗震等级（   ）级，首层梁箍筋加密区长度是（   ）。

引导问题 18：计算框架梁的混凝土、模板及钢筋工程量。

_____

_____

_____

_____

_____

_____

_____

3.梁的做法套用与工程量汇总

引导问题 19：KL 混凝土应按（   ）项目进行清单列项，清单编码为
（   ），项目特征为（   ），套用定额项目为（   ）。

引导问题 20：KL 模板应按（   ）项目进行清单列项，清单编码为
（   ），项目特征为（   ），套用定额项目为（   ）。

引导问题 21：KL 模板高度超过 3.6 m，在 KL 模板做法中应如何套用定额？

引导问题 22：首层梁混凝土的清单工程量为（   ），首层梁模板的定额工程
量为（   ），KL5 的混凝土清单工程量为（   ）。首层梁Φ12 钢筋工程量
为（   ），Φ14 钢筋工程量为（   ），ϕ6 箍筋工程量为（   ）。

六、拓展问题

（1）梁构件属性中"定额类别"是什么意思？对工程量有影响吗？

（2）转角梁钢筋应如何处理？

（3）修改原位标注后，未提取梁跨的梁图元能否捕捉？

七、相关知识点

（一）梁的软件计量

1.梁的属性定义与绘制

在进行梁的属性定义之前，需完成梁平面布置图的识读，明确梁的类型、
名称、集中标注与原位标注的内容。

梁绘制准备
工作

1）梁的属性定义

在导航树中选择"梁"→"梁（L）"，在构件列表中，依据图纸设计进行梁的
属性定义，主要包括梁的名称、截面宽度、截面高度、通长筋、箍筋和标高等集中标注信息。

2）梁的绘制

在绘图界面，利用"直线"或"弧线"画梁，将梁绘制在相应位置，运用"对齐"或"Shift+左键"等功能调整梁的偏移距离。

3）梁的原位标注

单击"梁二次编辑"→"原位标注"，在绘图区域选择需要进行原位标注的梁，在对应位置输入原位标注信息。在进行原位标注时，梁的下部钢筋可以输入箍筋、截面、侧面原位筋等信息。

梁的原位标注也可以在平法表格中输入。单击"梁二次编辑"→"平法表格"，在绘图区选择需要进行原位标注的梁，在表格相应位置输入原位标注的信息即可，如图 3-2 所示。

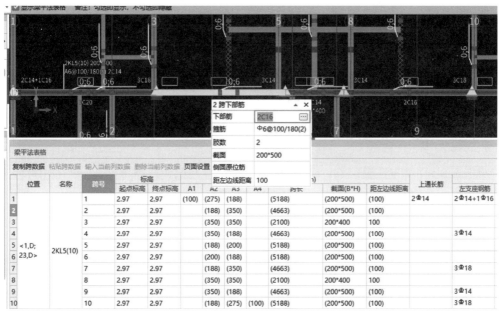

图 3-2　梁的原位标注

2.梁的识别与校核

1）识别梁

在导航树中选择"梁"→"梁（L）"，在建模界面单击"识别梁"。根据软件提示，依次单击"提取边线"，鼠标左键选择图纸中梁边线，鼠标右键确定；单击"自动提取标注"，鼠标左键选择图纸中梁集中标注和原位标注，鼠标右键确定，提取后，梁集中标注显示为黄色，原位标注显示为粉色；单击"点选识别梁"的倒三角，在下拉菜单中单击"自动识别梁"，在识别梁选项界面可以查看、修改、补充梁的集中标注信息，单击"继续"按钮，则按照提取的梁边线和梁集中标注信息自动生成梁图元，如图 3-3 所示。

2）校核梁

识别梁完成后，软件自动启用"校核梁图元"功能，如识别的梁跨与标注的梁跨数量不符，则弹出"识别梁选项"窗口，并且梁会以红色显示。在窗口中双击梁构件，软件可以自动追踪定位到此根梁。单击"识别梁"→"编辑支座"，鼠标左键选择要编辑支座的梁，鼠标左键选择要删除的支座点或选择作为支座的图元，鼠标右键确定。

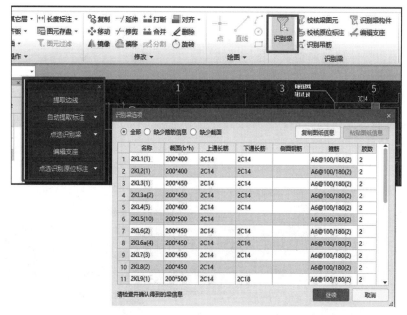

图 3-3　梁的识别

3）原位标注

单击识别面板"点选识别原位标注"，下拉选择"自动识别原位标注"。软件自动对已经提取的全部原位标注进行识别，识别完成后弹出"识别原位标注"窗口，识别成功的原位标注变色显示，未识别的保持粉色。

3.梁吊筋与附加箍筋的布置

1）在计算设置中布置附加箍筋

在"工程设置"中选择"钢筋设置"→"计算设置"，在"计算设置"窗口中选择"计算规则"→"框架梁"，在"次梁两侧共增加箍筋数量"中输入次梁加筋数量即可，如图 3-4 所示。

图 3-4　梁附加箍筋的设置

2）生成吊筋

单击"梁二次编辑"→"生成吊筋"，依据图纸设计，勾选生成位置，输入吊筋和次梁加筋信息，选择生成方式后，单击"确定"按钮即可。

3）识别吊筋

单击"建模"→"识别梁"→"识别吊筋"，依次单击"提取钢筋和标注"→"点选识别"即可完成吊筋的识别。需要注意：所有的识别吊筋功能需要主次梁都已经变成绿色后才能进行；识别后，已经识别的 CAD 图线变为蓝色，未识别的保持原来的颜色；图上有钢筋线的才识别，没有钢筋线的不会自动识别；重复识别时会覆盖上次识别的内容。

4）查改吊筋与附加箍筋

单击"梁二次编辑"→"查改吊筋"，点选需要修改的吊筋，选中后吊筋信息和次梁加筋信息变为可修改状态。输入要修改的钢筋信息，输入完成后，单击回车键或者鼠标左键单击其他区域，完成对该位置钢筋信息的修改。

4.梁的二次编辑

在工作实践中，为快速准确地完成梁的布置，可以运用"梁跨数据复制"、"应用到同名梁"、"调换起始跨"等功能帮助完成梁的布置。

1）梁跨数据复制

在"梁二次编辑"中选择"梁跨数据复制"，在绘图区选择需要复制的梁跨，单击鼠标右键结束选择，需要复制的梁跨选中后显示为红色。在绘图区选择目标梁跨，选中的梁跨显示为黄色，单击鼠标右键完成操作。

2）应用到同名梁

在"梁二次编辑"中选择"应用到同名梁"，在绘图区选择已识别的梁图元，单击鼠标右键确定即可。

3）调换起始跨

在"梁二次编辑"中选择"原位标注"，在绘图区选择需要调换起始跨的梁图元，在梁平法表格中单击"调换起始跨"即可。

（二）梁的计量与对量

1.混凝土工程量

（1）依据现行清单工程量计算规范，首层梁混凝土清单工程量按设计图示尺寸以体积计算。

$$V=S\times L\times N \tag{3-1}$$

式中　S——梁截面积；

　　L——梁长，梁与柱连接时，梁长算至柱侧面；次梁与主梁连接时，次梁长算至主梁侧面；

　　N——梁根数。

注意：伸入墙内的梁头或梁垫体积应并入梁的体积内计算。

（2）依据现行定额工程量计算规则，首层梁混凝土定额工程量按设计图示尺寸以体积计算，计算方法同清单工程量。

2.模板工程量

（1）依据现行清单工程量计算规范，首层梁模板清单工程量按设计图示尺寸以模板与混凝土接触面积计算，柱、梁、墙、板相互连接的重叠部分均不计算模板面积。

（2）依据现行定额工程量计算规则，首层梁模板定额工程量按模板与混凝土的接触面积（扣除后浇带所占面积）计算。柱、墙、梁、板、栏板相互连接的重叠部分均不扣除模板面积。

清单工程量和定额工程量的主要差异是是否扣除混凝土构件重叠部分的构件接触面积。

3.钢筋工程量

依据钢筋工程量计算规则，首层梁钢筋应按钢筋的不同种类、规格，分别列项，并按质量（设计长度乘以单位理论质量）计算工程量。

1）梁通长筋

$$通长筋=净长+左端支座锚固长度+右端支座锚固长度 \tag{3-2}$$

上部通长筋总长度如采用绑扎连接，计算搭接长度；如采用机械连接，则要计算接头个数。

2）梁支座负筋

$$第一排支座负筋=支座锚固长度+净跨取大值/3 \tag{3-3}$$
$$第二排支座负筋=支座锚固长度+净跨取大值/4 \tag{3-4}$$

3）梁侧钢筋 G 或 N 的长度

通长计算方法： $$钢筋长度=净长+2×15d \tag{3-5}$$

4）箍筋

箍筋根数、单根箍筋计算长度、加密区根数同首层柱，不再重述。

梁箍筋加密区长度：抗震等级为一级时，加密区长度为 2 倍的梁高和 500 mm 取大值；抗震等级为二~四级时，加密区长度为 1.5 倍的梁高和 500 mm 取大值。

（三）梁的做法套用与软件提量

（1）在"定义"→"构件做法"中，通过查询清单库、查询定额库、添加清单、添加定额等进行 KL 的混凝土清单和定额项目的做法套用。单击"项目特征"，根据工程实际情况将项目特征补充完整。若模板高度超过 3.6 m，就需要增加定额子目，如图 3-5 所示。

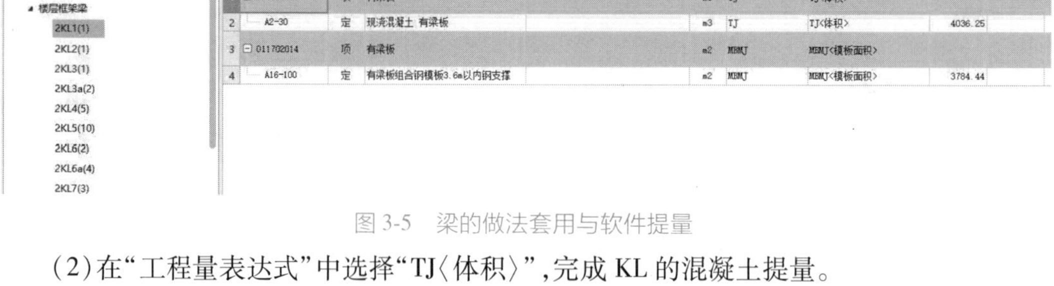

图 3-5 梁的做法套用与软件提量

（2）在"工程量表达式"中选择"TJ〈体积〉"，完成 KL 的混凝土提量。

（3）在"工程量表达式"中选择"MBMJ〈模板面积〉"，完成 KL 的模板提量；选择"MBMJ〈模板面积〉"及"CGMBMJ〈模板超高面积〉"，完成 KL 相应定额项目的提量。

八、评价反馈（表3-3）

表3-3 首层梁计量学习情境评价表

序号	评价项目	评价标准	满分	评价			综合得分
				自评	互评	师评	
1	梁的软件计量	梁绘制方法选择恰当； 梁的属性定义、绘制操作正确； 梁识别操作正确； 梁二次编辑操作正确； 绘制图元速度及其准确性	35				
2	梁的手工计量	能正确理解与运用梁的混凝土、模板工程量计算规则； 梁混凝土工程量计算正确； 梁模板工程量计算正确； 梁钢筋工程量计算正确。 手工算量的计算速度	35				
3	梁的做法套用	梁的清单列项与提量正确； 梁的定额列项与提量正确	10				
4	梁工程量计算与查看	能根据需要计算所需工程量； 能根据需要查看所需工程量	10				
5	工作过程	严格遵守工作纪律，按时提交工作成果； 积极参与教学活动，具备自主学习能力； 积极参与小组活动，具备倾听、协作与分享意识	10				
小　计			100				

九、实训总结

请针对实训任务的完成情况，进行相关知识点与技能点、知识难点与重点、工作流程与方法、自我感受等内容的梳理与总结。

学习情境四 首层板计量

一、学习情境描述

依据《建设工程工程量清单计价规范》(GB 50500—2013)、《房屋建筑与装饰工程工程量计算规范》(GB 50854—2013)、《湖北省房屋建筑与装饰工程消耗量定额及全费用基价表》(2018 版),完成实训项目中首层板的软件建模及计量(图 4-1),并进行手工计量对量,掌握板的工程量方法。

图 4-1　首层板建模成果图

二、学习目标

(1)能结合实训项目图纸,选择适当的绘制方法,完成首层板的属性定义与绘制。

(2)能完成板受力筋、负筋、分布筋等钢筋的属性定义与布置。

(3)能正确运用清单与定额工程量计算规则,完成首层板的工程量计算。

(4)能完成首层板的做法套用与软件提量。

三、工作任务

(1)识读板相关图纸,完成首层板的软件建模。

(2)利用首层板的手工计量结果进行对量,再进行首层板的做法套用与软件提量。

四、工作准备

(1)阅读工作任务,识读实训项目图纸,明确板的类型、截面尺寸、标高、配筋情况与平面位置。

(2)收集《建设工程工程量清单计价规范》(GB 50500—2013)、《房屋建筑与装饰工程工程量计算规范》(GB 50854—2013)、《湖北省房屋建筑与装饰工程消耗量定额及全费用基价表》(2018 版)中关于板计量的相关知识。

(3)结合工作任务分析板计量中的难点和常见问题。

五、工作实施

1.板的软件计量

引导问题1：按照板类型划分，首层 B3 属于（　　　　　　　）。通过识读实训项目图纸可知，首层 B3 的厚度为（　　　　），板顶标高为（　　　　　　）；B3 受力筋为（　　　　　　），支座负筋为（　　　　　　），分布筋为（　　　　　　）。

引导问题2：在进行板属性定义时，需要定义（　　　　　　　　　　　　　　）。

引导问题3：板构件在封闭的区域采用（　　　　）绘制方法，非封闭的区域采用（　　　　）或（　　　　）绘制方法。

引导问题4：板的识别步骤是（

　　　　　　　　　　　　　　　　　　　　　　　　　　　　　　　　　　　　）。

引导问题5：定义板受力筋时，需定义（　　　　　　　　　　　　　　　）等属性内容。布置板受力筋时，应选择（　　　　　）的布筋范围和（　　　　　）的布筋方式。

引导问题6：定义板负筋时，需定义（　　　　　　　　　　　　　）等属性内容。布置板负筋时，应选择（　　　　　）的布筋方式。

引导问题7：定义跨板受力筋时，应按照（　　　　　　）构件定义，需定义（　　　　　　）等属性内容。布置跨板受力筋时，应选择（　　　　　）的布筋范围和（　　　　　）的布筋方式。

引导问题8：板的分布筋如何布置？某块板的分布筋应如何布置？

引导问题9：板钢筋识别流程是（

　　　　　　　　　　　　　　　　　　　　　　　　　　　　　　　　　　）。

当采用点选识别时，其识别步骤是（

　　　　　　　　　　　　　　　　　　　　　　　　　　　　　　　　　　）。

引导问题10：进行板筋校核，当软件提示"布筋范围重叠"时，应如何修改？

引导问题11：单边标注支座负筋，标注长度位置应为（　　　　　　　）。板中间支座负筋标注（　　　　）含支座；跨板受力筋标注长度位置应为（　　　　　　　）。以上内容应如何设置？

引导问题12：板的马凳筋应在（　　　　　　）构件中进行设置。I 型马凳筋输入格式为（　　　　　），参数 L1 一般取值为（　　　　　　），L2 取值为（　　　　　　），L3 取值为（　　　　　）。马凳筋采用（　　　　　　）布置方式。

引导问题13："应用同名板"功能可用于（　　　　　　　）钢筋布置。"查看布筋情况"功能用于检查（　　　　　　　），"查看布筋范围"功能用于检查（　　　　　）。

2.板的手工对量

引导问题14：依据现行清单工程量计算规范，板混凝土工程量应按（　　　　　）以（　　　　）计算。有梁板包括（　　　　　　）按（　　　　）和（　　　　）体积之和计算。无梁板按（　　　　）和（　　　　）体积之和计算。

【小提示】 **板混凝土清单工程量计算规则**（表4-1）

表4-1　板混凝土清单工程量计算规则

项目编码	项目名称	项目特征	计量单位	工程量计算规则	工作内容
010505001	有梁板	1.混凝土种类 2.混凝土强度等级	m^3	按设计图示尺寸以体积计算,不扣除单个面积≤0.3 m^2的柱、垛以及孔洞所占体积 压型钢板混凝土楼板扣除构件内压型钢板所占体积 有梁板(包括主、次梁与板)按梁、板体积之和计算,无梁板按板和柱帽体积之和计算,各类板伸入墙内的板头并入板体积内,薄壳板的肋、基梁并入薄壳体积内计算	1.模板及支架(撑)制作、安装、拆除、堆放、运输及清理模内杂物、刷隔离剂等 2.混凝土制作运输、浇筑、振捣、养护
010505002	无梁板				
010505003	平板				
010505007	天沟(檐沟)、挑檐板				

引导问题15:依据现行清单工程量计算规范,板模板工程量应按(　　　　　)以(　　　　　)为单位计算,应扣除(　　　　　)所占面积。

【小提示】 **板模板清单工程量计算规则**（表4-2）

表4-2　板模板清单工程量计算规则

项目编码	项目名称	项目特征	计量单位	工程量计算规则	工作内容
011702014	有梁板	支撑高度	m^2	按模板与现浇混凝土构件的接触面积计算 1.现浇钢筋混凝土墙、板单孔面积≤0.3 m^2的孔洞不予扣除,洞侧壁模板亦不增加;单孔面积>0.3 m^2时应予扣除,洞侧壁模板面积并入墙、板工程量内计算 2.现浇框架分别按梁、板、柱有关规定计算;附墙柱、暗梁、暗柱并入墙内工程量计算 3.柱、梁、墙、板相互连接的重叠部分,均不计算模板面积	1.模板制作 2.模板安装、拆除、整理堆放及场内外运输 3.清理模板黏结物及模内杂物、刷隔离剂等
011702015	无梁板				
011702016	平板				

引导问题16:依据现行定额工程量计算规则,板混凝土与板模板的定额工程量与清单工程量是否一致?

引导问题17:板钢筋种类主要包括(　　　　)、(　　　　)、(　　　　)、(　　　　)。

引导问题18:板受力筋长度计算方法是(　　　　　　　),受力筋根数计算方法是(　　　　　　　)。

引导问题19:板端支座负筋的单根长度计算方法是(　　　　　　　),

中间支座负筋的单根长度计算方法是（　　　　　　　　　　　　　　），负筋
根数计算方法是（　　　　　　　　　　　　　　　　　　　　　）。

引导问题20：板分布筋单根长度计算方法是（　　　　　　　　　　），
分布筋根数计算方法是（　　　　　　　　　　　　　　）。

引导问题21：计算首层 B3 的混凝土、模板及钢筋工程量。

_____

_____

_____

_____

_____

3.板的做法套用及工程量汇总

引导问题22：首层 B3 混凝土应按（　　　　　　　　　）项目进行清单列项,清单编码为
（　　　　　　　　　　），项目特征为（　　　　　　　　　　　　），套用定额项目为
（　　　　　　　　）。

引导问题23：首层 B3 模板应按（　　　　　　　　　）项目进行清单列项,清单编码为
（　　　　　　　　　　），项目特征为（　　　　　　　　　　　　），套用定额项目为
（　　　　　　　　）。

引导问题24：首层板混凝土的清单工程量为（　　　　　　），定额工程量为（　　　　　）。
首层板模板的清单工程量为（　　　　），定额工程量为（　　　　　）。首层板受力筋工程量为
（　　　　　），负筋工程量为（　　　　　）。跨板受力筋工程量为（　　　　　），分布筋工程
量为（　　　　），马凳筋工程量为（　　　　　）。

六、拓展问题

（1）板中间层筋、温度筋应如何布置？
（2）采用"XY 方向"布置板钢筋有何优势？
（3）识别过程中,如果提取钢筋线或钢筋标注时提取错误,应如何撤销或还原？

七、相关知识点

1.板的属性定义与绘制

（1）在导航树中选择"板"→"现浇板",在构件列表中单击"新建"→"新建现浇板"。依
据图纸设计,在属性列表中对板的名称、厚度、类别、顶标高等属性进行定义,如图4-2所示。
马凳筋用于上下双层板钢筋中间,起固定上层板钢筋的作用,通常在施工组织设计中详细标
明其规格、长度和间距。马凳筋通过"板钢筋业务属性"→"马凳筋参数/马凳筋信息"进行
属性定义。

图 4-2　板属性列表

（2）如果支座构件（梁、剪力墙等）形成封闭区域，可利用"点"画功能，直接将板点画在相应位置；如果支座构件未形成封闭区域，可以采用"直线"或"矩形"等方法进行绘制。

2.板的识别与校核

（1）单击"建模"→"识别板"，根据软件提示（图 4-3），单击"提取板标识"，按需要提取板名称、板厚标注 CAD 图元。单击"提取板洞线"，按需要提取板洞线 CAD 图元。单击"自动识别板"，软件自动弹出"识别板选项"窗口，提示"识别板前请确认柱墙梁图元已生成"，单击确认。软件再次自动弹出"识别板选项"窗口，依据图纸信息对需要绘制的板信息进行检查、补充后，单击确认。软件弹出识别成功的提示，完成板的识别。

板的识别与绘制

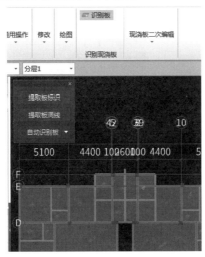

图 4-3　板的识别与绘制

（2）板识别完成后，需要进行板的校核。对于顶标高不同的板，可以批量选择需要修改标高的板，依据图纸设计，输入标高信息，单击确认即可完成。对于未识别成功的板，可采用前述定义板、绘制板的方法进行补画。

3.板钢筋的属性定义与绘制

1）板受力筋的属性定义与绘制

在导航树中选择"板"→"板受力筋"，在构件列表中单击"新建"→"新建板受力筋"。依据图纸设计，在属性列表中对板受力筋的名称、类别、钢筋信息等属性进行定义。单击功能栏内的"布置受力筋"，依据图纸设计，在"单板/多板/自定义/按受力筋范围"中选择恰当的受力筋布置范围，并在"XY方向/水平/垂直/两点/平行边/弧线边布置放射筋/圆心布置放射筋"中选择恰当的受力筋布置方式，然后在板受力筋相应位置单击鼠标左键完成绘制，如图4-4所示。

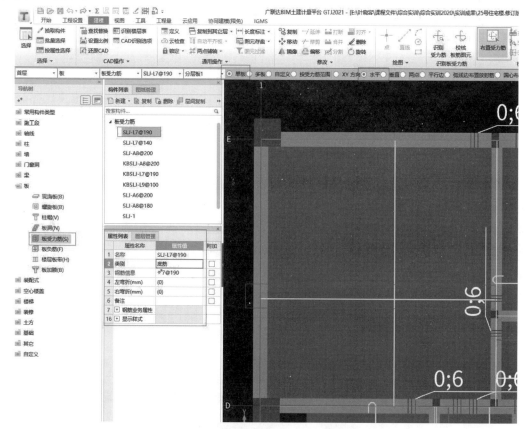

图4-4　板受力筋的属性定义与绘制

2）板负筋的属性定义与绘制

在导航树中选择"板"→"板负筋"，在构件列表中单击"新建"→"新建板负筋"。依据图纸设计，在属性列表中对板负筋的名称、钢筋信息、左右标注等属性进行定义。单击功能栏内的"布置负筋"，依据图纸设计，在"按梁布置/按圈梁布置/按连梁布置/按墙布置/按板边布置/画线布置"中选择恰当的布置方式，完成负筋的绘制。以"按梁布置"为例，光标移至负筋支座梁处，选择的范围线会加亮显示，此亮色区域即为负筋的布筋范围。此时光标所在处即为左标注一侧，确认无误后，单击鼠标左键即可，如图4-5所示。

一块板受力筋布置完成后，可以使用"应用同名板"功能实现同名板的快速布置；通过"查看布筋范围"查看具体某根受力筋或负筋的布置范围；通过"查看布筋情况"查看钢筋布置的范围是否与图纸一致。

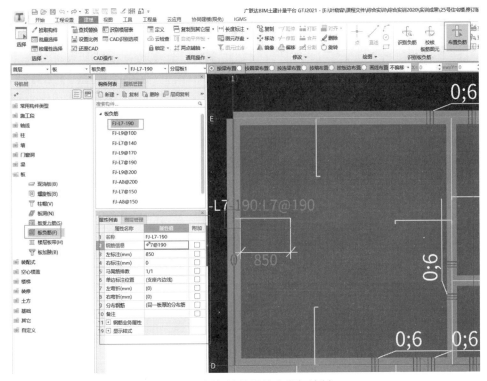

图 4-5　板负筋的属性定义与绘制

3)跨板受力筋的属性定义与绘制

在导航树中选择"板"→"板受力筋",在构件列表中单击"新建"→"新建跨板受力筋"。依据图纸设计,在属性列表中对跨板受力筋的名称、钢筋信息、左标注、右标注等属性进行定义。单击功能栏内的"布置受力筋",依据图纸设计,在软件弹出的窗口中选择布置范围和布置方式后,将光标移至板处,单击鼠标左键即可完成绘制,如图 4-6 所示。

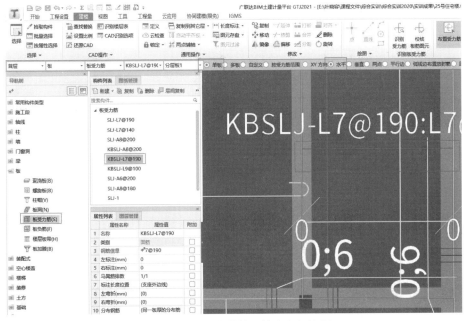

图 4-6　跨板受力筋的属性定义与绘制

4）板负筋与跨板受力筋标注位置属性设置

板负筋标注位置属性包括"板中间支座负筋标注是否含支座"、"单边标注支座负筋标注长度位置"。跨板受力筋标注位置属性是"跨板受力筋标注长度位置"，这些属性会直接影响钢筋长度的计算。

"板中间支座负筋标注是否含支座"设置为"是"，表示左标注和右标注是从支座中心线算起；设置为"否"，表示是从支座外边线算起。"单边标注支座负筋标注长度位置"选择"支座中心线"，表示左标注或右标注是从支座中心线算起；选择"支座内边线"，表示是从支座靠近负筋标注尺寸一侧算起；选择"支座外边线"，表示是从支座远离负筋标注尺寸一侧算起。"跨板受力筋标注长度位置"选择"支座中心线"，表示伸出板外的标注是从支座中心线算起；选择"支座内边线"，表示是从支座靠近所跨板一侧算起；选择"支座外边线"，表示是从支座远离所跨板一侧算起。

依据图纸设计，可通过"工程设置"→"钢筋设置"→"计算设置"对整个工程进行统一修改，如图4-7所示。

图4-7　板负筋及跨板受力筋标注位置属性设置

5）板分布筋的布置

板负筋的分布筋，在负筋属性中定义。

4.板钢筋的识别与绘制

1）板受力筋的识别与绘制

在构件列表中选择"板"→"板受力筋"，单击"识别受力筋"，依据软件提示，依次完成"提取板筋线"→"提取板筋标注"→"点选识别受力筋"，软件弹出"受力筋信息"窗口。在已提取的CAD图元中单击受力筋钢筋线，软件会根据钢筋线与板的关系判断构件类型，同时软件自动找与其最近的钢筋标注作

板受力筋的
识别与绘制

为该钢筋线的钢筋信息,并识别到"受力筋信息"窗口中。确认"受力筋信息"窗口准确无误后,单击"确定"按钮。然后将光标移动到该受力筋所属的板内,板边线加亮显示,此亮色区域即为受力筋的布筋范围。在弹出的快捷工具条中选择"布置范围",单击鼠标左键,则提取的板钢筋线和板筋标注被识别为软件的板受力筋构件,如图4-8所示。

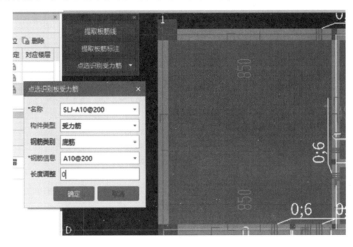

图4-8 板受力筋的识别

2)板负筋的识别与绘制

在构件列表中选择"板"→"板负筋",单击"识别负筋",依据软件提示,依次完成"提取板筋线"→"提取板筋标注"→"点选识别受力筋",软件弹出"板负筋信息"窗口。点选识别负筋的具体方法与点选识别受力筋一致。

板负筋的识别与绘制

3)跨板受力筋的识别与绘制

在构件列表中选择"板"→"板受力筋",单击"识别受力筋",依据软件提示,依次完成"提取板筋线"→"提取板筋标注"→"点选识别受力筋",软件弹出"受力筋信息"窗口。点选识别跨板受力筋的具体方法与点选识别受力筋一致。

跨板受力筋的识别与绘制

4)校核板筋图元

识别板筋后,可以运用"校核板筋图元"功能,检查板筋布筋范围是否重叠,是否存在未标注钢筋信息、未标注伸出长度的钢筋线等问题。

单击"校核板筋图元"功能,软件会自动执行板筋校核算法,校核出问题后,会弹出板筋校核的窗口。校核出的问题会按钢筋类型——负筋、底筋、面筋分类显示,如图4-9所示,可以通过软件左下方的"显示板筋布置范围"来控制板筋布置范围是否显示。对于布筋范围重叠的钢筋图元,软件默认会以红色斜纹的形式标识出来。对于布筋范围重叠的钢筋,可以依据图纸设计,通过调整钢筋的布筋范围来解决。

5.首层板的计量与对量

1)混凝土工程量

(1)依据现行清单工程量计算规范,首层有梁板混凝土清单工程量按设计图示尺寸以体积计算,不扣除单孔面积≤0.3 m² 的柱、垛以及孔洞所占的体积。

板混凝土与模板工程量对量

图 4-9　校核板筋图元

$$V=(板净长×板净宽×板厚-V_{需扣除体积})×板数量 \qquad (4-1)$$

（2）依据现行定额工程量计算规则，首层有梁板混凝土定额工程量按设计图示尺寸以体积计算，计算方法同清单工程量。

2）模板工程量

（1）依据现行清单工程量计算规范，首层有梁板模板清单工程量按设计图示尺寸以面积计算，板、梁、墙板相互连接的重叠部分均不计算模板面积。

$$S=板净长×板净宽×板数量 \qquad (4-2)$$

（2）依据现行定额工程量计算规则，首层板模板定额工程量按板长乘以板宽以面积计算。

3）钢筋工程量

依据钢筋工程量计算规则，首层板钢筋应按钢筋的不同种类和规格分别列项，并按质量（设计长度乘以单位理论质量）计算工程量。

板筋主要包括受力筋、支座负筋、分布筋、附加钢筋（角部附加放射筋、洞口附加钢筋）、马凳筋等。

（1）板底受力筋。

①受力筋长度：

$$L=板通跨净长+左右锚固长度+弯钩长度×2 \qquad (4-3)$$

当板端支座为框架梁、剪力墙、圈梁时，板下部受力筋锚入支座内的锚固长度取 max（$5d$，支座宽/2）；当板端支座为砌体墙时，锚固长度取 max（120 mm，板厚，墙厚/2）。当板下部受力筋采用光圆钢筋时，钢筋端头需要增加 180°弯钩。当板受力筋贯通多跨板时，需结合板筋的连接方式，考虑计算板筋的搭接长度或搭接接头个数。

②受力筋根数：

$$N=\frac{板净宽-2×起步距离}{板筋间距}+1 \tag{4-4}$$

受力筋从梁边上开始排布,起始距离为 1/2 板筋间距。受力筋根数按向上取整计取。

（2）负筋。

①上部贯通筋：

$$L=板通跨净长+左右锚固长度 \tag{4-5}$$

$$N=\frac{板净宽-2×起步距离}{板筋间距}+1 \tag{4-6}$$

板上部钢筋锚入支座的长度应满足伸至支座边缘且弯折 15d 的要求。负筋根数按向上取整计取。

②端支座负筋：

$$L=板内标注长度+支座内锚固长度+板内弯折长度 \tag{4-7}$$

$$N=\frac{板净宽-2×起步距离}{板筋间距}+1 \tag{4-8}$$

端支座负筋在板内标注长度由图纸设计确定,支座内锚固长度能直锚就直锚,不能直锚的应满足伸至支座外边缘且弯折 15d 的要求,板内弯折长度按（板厚-保护层厚度×2）确定。负筋根数按向上取整计取。

③中间支座负筋：

$$L=板内左右标注长度+支座宽度+板内弯折长度 \tag{4-9}$$

$$N=\frac{板净宽-2×起步距离}{板筋间距}+1 \tag{4-10}$$

中间支座负筋在板内左右标注长度由图纸设计确定,板内弯折长度按（板厚-保护层厚度×2）确定。负筋根数按向上取整计取。

（3）分布筋。

$$L=板净长-两侧负筋伸出长度+150×2 \tag{4-11}$$

$$N=\frac{负筋板内净长-起步距离}{板筋间距}+1 \tag{4-12}$$

分布筋与板负筋的搭接长度为 150 mm。分布筋根数可以根据实际情况按向上取整或向下取整计取。

（4）马凳筋。马凳筋的形式一般由施工组织设计确定。下面以软件中内置的 I 型马凳筋为例进行说明。I 型马凳筋长度按下式计算：

$$L=顶部平直段+马凳高度×2+底部平直段 \tag{4-13}$$

当板块布置了温度筋和负筋或布置了面筋时,马凳筋根数按下式计算：

$$N=\frac{板净面积}{马凳筋间距×马凳筋间距} \tag{4-14}$$

当板块仅布置了负筋时,马凳筋根数按下式计算：

$$N = \frac{负筋布置范围}{马凳筋间距} \times 马凳筋排数 \qquad (4\text{-}15)$$

应注意，负筋布置范围需扣除两端与别的负筋相交的范围。马凳筋根数按向上取整计取。

6.首层板的做法套用与软件提量

（1）在"定义"→"构件做法"中，通过查询清单库、查询定额库、添加清单、添加定额等进行板的混凝土清单和定额项目的做法套用。

（2）在"工程量表达式"中选择"TJ〈体积〉"，完成板的混凝土提量；在"工程量表达式"中选择"MBMJ〈底面模板面积〉"，完成板的模板提量，如图4-10所示。

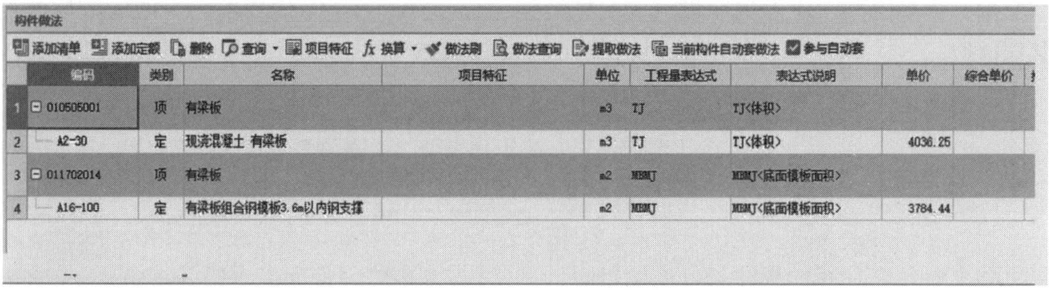

	编码	类别	名称	项目特征	单位	工程量表达式	表达式说明	单价	综合单价	
1	⊟ 010505001	项	有梁板		m3	TJ	TJ〈体积〉			
2	A2-30	定	现浇混凝土 有梁板		m3	TJ	TJ〈体积〉	4036.25		
3	⊟ 011702014	项	有梁板		m2	MBMJ	MBMJ〈底面模板面积〉			
4	A16-100	定	有梁板组合钢模板3.6m以内钢支撑		m2	MBMJ	MBMJ〈底面模板面积〉	3784.44		

图4-10　板的做法套用

八、评价反馈（表4-3）

表4-3 首层板计量学习情境评价表

序号	评价项目	评价标准	满分	评价			综合得分
				自评	互评	师评	
1	板的软件计量	板绘制方法选择恰当； 板的属性定义、绘制操作正确； 板表识别、板的识别操作正确	35				
2	板的手工计量	能正确理解与运用板的混凝土、模板工程量计算规则； 板混凝土工程量计算正确； 板模板工程量计算正确； 板钢筋工程量计算正确	35				
3	板的做法套用	板的清单列项与提量正确； 板的定额列项与提量正确	10				
4	板工程量计算与查看	能根据需要计算所需工程量； 能根据需要查看所需工程量	10				
5	工作过程	严格遵守工作纪律，按时提交工作成果； 积极参与教学活动，具备自主学习能力； 积极参与小组活动，具备倾听、协作与分享意识	10				
小　计			100				

九、实训总结

请针对实训任务的完成情况，进行相关知识点与技能点、知识难点与重点、工作流程与方法、自我感受等内容的梳理与总结。

学习情境五　首层砌体墙、门窗及二次构件计量

一、学习情境描述

依据《建设工程工程量清单计价规范》(GB 50500—2013)、《房屋建筑与装饰工程工程量计算规范》(GB 50854—2013)、《湖北省房屋建筑与装饰工程消耗量定额及全费用基价表》(2018 版),完成实训项目中首层砌体墙(图 5-1)、门窗、构造柱与过梁等二次构件的软件建模及计量,并进行手工计量对量,掌握砌体墙、门窗、构造柱与过梁的工程量计算方法。

图 5-1　首层砌体墙建模成果图

二、学习目标

(1)能结合实训项目图纸,选择适当的绘制方法,完成砌体墙、门窗、构造柱与过梁的属性定义与绘制。

(2)能正确运用清单与定额工程量计算规则,进行砌体墙、门窗、构造柱与过梁的工程量计算。

(3)能完成砌体墙、门窗、构造柱与过梁的做法套用和软件提量。

三、工作任务

(1)识读砌体墙、门窗、构造柱与过梁相关图纸,完成首层砌体墙、门窗、构造柱与过梁的软件建模。

(2)利用砌体墙、门窗、构造柱与过梁的手工计量结果进行对量,再进行砌体墙、门窗、构造柱与过梁的做法套用与软件提量。

四、工作准备

(1)阅读工作任务,识读实训项目图纸,明确砌体墙、门窗、构造柱与过梁的类型、截面尺寸、标高、配筋情况、平面位置与构造做法等基本信息。

(2)收集《建设工程工程量清单计价规范》(GB 50500—2013)、《房屋建筑与装饰工程工程量计算规范》(GB 50854—2013)、《湖北省房屋建筑与装饰工程消耗量定额及全费用基价

表》（2018 版）中关于砌体墙、门窗、构造柱与过梁计量的相关知识。

（3）结合工作任务分析砌体墙、门窗、构造柱与过梁计量中的难点和常见问题。

五、工作实施

（一）砌体墙

1.砌体墙的软件计量

引导问题 1：通过识读实训项目（　　　　　）可知，本工程所设计的砌体墙为（　　　　　　　），共有（　　　）种类型，共有（　　　）种不同墙厚，分别为（　　　　　　　　　　）。

引导问题 2：砌体墙软件建模的步骤是（　　　　　　　　　　　　　）。

引导问题 3：在软件中，外墙和内墙应（　　　　）新建构件。在进行砌体墙属性定义时，需要定义的属性主要有（　　　　　　　）、（　　　　　　　）、（　　　　　　　）、（　　　　　　　）和（　　　　　　　）等。

引导问题 4：砌体墙一般采用（　　　　　　）绘制方法，当墙体与柱相交时，墙体应绘制到（　　　　　　　　）。当需要将某个图元边线与其他构件边线平齐时，可以使用（　　　　　　）功能。

引导问题 5：砌体墙识别步骤是（　　　　　　　　　　　　　　　）。可采用（　　　　　　）功能区分内外墙。

引导问题 6：墙体中是否设计有墙体通长筋？ 如果有，应如何设置？

引导问题 7：墙体中是否设计有砌体加筋？ 如果有，应如何设置？

2.砌体墙的手工对量

引导问题 8：依据现行清单工程量计算规范，砌体墙工程量应按（　　　　　　）以（　　　　　　　）计算，需扣除（　　　　　　　　　　）所占体积。外墙长度按（　　　　　　）计算，内墙长度按（　　　　　　）计算。

引导问题 9：依据图纸设计，计算墙体清单工程量时，内外墙是否需要分别单独编码列项？

引导问题 10：依据图纸设计，有墙身防潮层清单工程量时，是否需要单独编码列项？

引导问题 11：依据现行定额，砌体墙定额工程量与清单工程量是否一致？

引导问题 12：计算首层砌体墙的清单及定额工程量。

清单工程量：_____

_____

_____

定额工程量：_____

_____

_____

【小提示】 **砌块墙清单工程量计算规则(表5-1)**

表5-1　砌块墙清单工程量计算规则

项目编码	项目名称	项目特征	计量单位	工程量计算规则	工作内容
010402001	砌块墙	1.砌块品种、规格、强度等级 2.墙体类型 3.砂浆强度等级	m³	按设计图示尺寸以体积计算。扣除门窗、洞口、嵌入墙内的钢筋混凝土柱、梁、圈梁、挑梁、过梁及凹进墙内的壁龛、管槽、暖气槽、消火栓箱所占体积,不扣除梁头、板头、檩头、垫木、木楞头、沿缘木、木砖、门窗走头、砌块墙内加固钢筋、木筋、铁件、钢管及单个面积≤0.3 m²的孔洞所占体积。凸出墙面的腰线、挑檐、压顶、窗台线、虎头砖、门窗套的体积亦不增加。凸出墙面的砖垛并入墙体体积内计算 1.墙长度:外墙按中心线,内墙按净长计算 2.墙高度: (1)外墙:斜(坡)屋面无檐口天棚者算至屋面板底;有屋架且室内外均有天棚者算至屋架下弦底另加200 mm;无天棚者算至屋架下弦底另加300 mm,出檐宽度超过600 mm时按实砌高度计算;与钢筋混凝土楼板隔层者算至板顶;平屋面算至钢筋混凝土板底; (2)内墙:位于屋架下弦者,算至屋架下弦底;无屋架者算至天棚底另加100 mm;有钢筋混凝土楼板隔层者算至楼板顶;有框架梁时算至梁底 (3)女儿墙:从屋面板上表面算至女儿墙顶面(如有混凝土压顶时算至压顶下表面) (4)内、外山墙:按其平均高度计算 3.框架间墙:不分内外墙按墙体净尺寸以体积计算 4.围墙:高度算至压顶上表面(如有混凝土压顶时算至压顶下表面),围墙柱并入围墙体积内	1.砂浆制作、运输 2.砌砖、砌块 3.勾缝 4.材料运输

3.砌体墙的做法套用与汇总

　　引导问题13:(　　　　　　)砌体墙应按(　　　　　　　)项目进行清单列项,清单编码为(　　　　　　),项目特征为(　　　　　　　),套用定额项目为(　　　　　　)。

　　引导问题14:(　　　　　　)砌体墙应按(　　　　　　　)项目进行清单列项,清单编码为(　　　　　　),项目特征为(　　　　　　　),套用定额项目为(　　　　　　)。

　　引导问题15:首层砌体墙的清单工程量为(　　　　　　),定额工程量为(　　　　　　)。

(二)门窗

1.门窗的软件计量

　　引导问题1:通过识读实训项目门窗表可知,本工程所选用的门有(　　　　)种类型,具体包括(   );本工程所选用的窗有(   )
种类型,具体包括(   )。

引导问题2:门窗软件建模的步骤是(   )。

引导问题3:在进行门窗属性定义时,需要定义的属性主要有(   )、(   )、
(   )、(   )和(   )等。

引导问题4:门窗的离地高度应如何确定?

引导问题5:门窗构件可采用(   )、(   )等绘制方法。

引导问题6:识别门窗表的流程是(   )。

引导问题7:识别门窗洞的流程是(   )。

引导问题8:门窗洞口开启位置应如何确定?

2.门窗的手工对量

引导问题9:依据现行清单工程量计算规范,门工程量应按(   )以
(   )计算。窗工程量应按(   )以(   )计算。

【小提示】　　　　　　　门清单工程量计算规则(表5-2)

表5-2　门清单工程量计算规则

项目编码	项目名称	项目特征	计量单位	工程量计算规则	工作内容
010801001	木质门	1.门代号及洞口尺寸 2.镶嵌玻璃品种、厚度	1.樘 2.m²	1.以樘计量,按设计图示数量计算 2.以平方米计量,按设计图示洞口尺寸以面积计算	1.门安装 2.玻璃安装 3.五金安装
010801004	木质防火门				
010801006	门锁安装	1.锁品种 2.锁规格	1.个 2.套	按设计图示数量计算	安装
010802001	金属(塑钢)门	1.门代号及洞口尺寸 2.门框或扇外围尺寸 3.门框、扇材质 4.玻璃品种、厚度	1.樘 2.m²	1.以樘计量,按设计图示数量计算 2.以平方米计量,按设计图示洞口尺寸以面积计算	1.门安装 2.五金安装 3.玻璃安装
010802004	防盗门	1.门代号及洞口尺寸 2.门框或扇外围尺寸 3.门框、扇材质			1.门安装 2.五金安装
010805003	电子对讲门	1.门代号及洞口尺寸 2.门框或扇外围尺寸 3.门材质 4.玻璃品种、厚度 5.启动装置的品种、规格 6.电子配件品种、规格	1.樘 2.m²	1.以樘计量,按设计图示数量计算 2.以平方米计量,按设计图示洞口尺寸以面积计算	1.门安装 2.启动装置、五金、电子配件安装

【小提示】 **窗清单工程量计算规则(表5-3)**

表5-3　窗清单工程量计算规则

项目编码	项目名称	项目特征	计量单位	工程量计算规则	工作内容
010807001	金属(塑钢、断桥)窗	1.窗代号及洞口尺寸 2.框、扇材质 3.玻璃品种、厚度	1.樘 2.m²	1.以樘计量,按设计图示数量计算 2.以平方米计量,按设计图示洞口尺寸以面积计算	1.窗安装 2.五金、玻璃安装
010807002	金属防火窗				

引导问题10:依据现行定额,夹板门定额工程量与清单工程量是否一致?

引导问题11:依据现行定额,乙级防火门定额工程量与清单工程量是否一致?

引导问题12:依据现行定额,单层玻璃推拉门定额工程量与清单工程量是否一致?

引导问题13:依据现行定额,单层玻璃推拉窗定额工程量与清单工程量是否一致?

引导问题14:依据现行定额,单层玻璃平开窗定额工程量与清单工程量是否一致?

引导问题15:计算门窗的清单及定额工程量。

清单工程量:＿＿＿＿＿＿＿＿＿＿＿＿＿＿＿＿＿＿＿＿＿＿＿

＿＿＿＿＿＿＿＿＿＿＿＿＿＿＿＿＿＿＿＿＿＿＿＿＿＿＿＿＿＿＿＿

定额工程量:＿＿＿＿＿＿＿＿＿＿＿＿＿＿＿＿＿＿＿＿＿＿＿

＿＿＿＿＿＿＿＿＿＿＿＿＿＿＿＿＿＿＿＿＿＿＿＿＿＿＿＿＿＿＿＿

3.门窗工程的做法套用与汇总

引导问题16:门 M1 应按(　　　　　　)项目进行清单列项,清单编码为(　　　　　　),项目特征为(　　　　　　),套用定额项目为(　　　　　　)。

引导问题17:窗 C1 应按(　　　　　　)项目进行清单列项,清单编码为(　　　　　　),项目特征为(　　　　　　),套用定额项目为(　　　　　　)。

引导问题18:首层门 M1 清单工程量为(　　　　),定额工程量为(　　　　)。首层门 M1 锁的定额工程量为(　　　　)。首层窗 C1 清单工程量为(　　　　)、窗 C2 定额工程量为(　　　　)。

(三)构造柱

1.构造柱的软件计量

引导问题1:(　　　　)表示构造柱。通过识读实训项目图纸(　　　　)可知,本工程在(　　　　)处设置有构造柱。构造柱截面尺寸为(　　　　),设计有(　　)根直径为(　　)mm 的角筋,(　　)根直径为(　　)mm 的边筋,箍筋是直径为(　　)mm、间距为(　　)mm 的(　　)肢箍。

引导问题2:构造柱的软件建模步骤是(　　　　　　　　　　　　　　)。

引导问题3:在进行构造柱属性定义时,需要定义的属性主要有(　　)、(　　)、(　　)、(　　)、(　　)等。

引导问题4：构造柱采用(   )绘制方法。

引导问题5：生成构造柱的流程是(   )。

引导问题6：依据图纸设计，在生成构造柱时，构造柱布置位置应为(   )，构造柱属性为(   )，构造柱生成方式可选择(   )。

2.构造柱的手工对量

引导问题7：依据现行清单工程量计算规范，构造柱工程量应按(   )以(   )计算。柱高按(   )计算，(   )体积应并入柱身体积。

【小提示】 构造柱混凝土清单工程量计算规则(表 5-4)

表 5-4 构造柱混凝土清单工程量计算规则

项目编码	项目名称	项目特征	计量单位	工程量计算规则	工作内容
010502001	矩形柱		m^3	按设计图示尺寸以体积计算 柱高： 1.有梁板的柱高，应自柱基上表面(或楼板上表面)至上一层楼板上表面之间的高度计算 2.无梁板的柱高，应自柱基上表面(或楼板上表面)至柱帽下表面之间的高度计算 3.框架柱的柱高，应自柱基上表面至柱顶高度计算 4.构造柱按全高计算，嵌接墙体部分(马牙槎)并入柱身体积 5.依附柱上的牛腿和升板的柱帽，并入柱身体积计算	1.模板及支架(撑)制作、安装、拆除、堆放、运输及清理模内杂物、刷隔离剂等 2.混凝土制作、运输、浇筑、振捣、养护
010502002	构造柱	1.混凝土种类 2.混凝土强度等级			
010502003	异形柱	1.柱形状 2.混凝土种类 3.混凝土强度等级			

引导问题8：依据现行清单工程量计算规范，构造柱模板工程量应按(   )计算，马牙槎处的模板宽度按(   )计算。

【小提示】 构造柱模板清单工程量计算规则(表 5-5)

表 5-5 构造柱模板清单工程量计算规则

项目编码	项目名称	项目特征	计量单位	工程量计算规则	工作内容
011702002	矩形柱		m^2	按模板与现浇混凝土构件的接触面积计算 1.现浇钢筋混凝土墙、板单孔面积≤0.3 m^2的孔洞不予扣除，洞侧壁模板亦不增加；单孔面积>0.3 m^2时应予扣除，洞侧壁模板面积并入墙、板工程量内计算 2.现浇框架分别按梁、板、柱有关规定计算；附墙柱、暗梁、暗柱并入墙内工程量计算 3.柱、梁、墙、板相互连接的重叠部分，均不计算模板面积 4.构造柱按图示外露部分计算模板面积	1.模板制作 2.模板安装、拆除、整理堆放及场内外运输； 3.清理模板黏结物及模内杂物、刷隔离剂等
011702003	构造柱				
011702004	异形柱	柱截面形状			

引导问题 9:依据现行定额,构造柱混凝土与构造柱模板工程量与清单工程量是否一致?

引导问题 10:构造柱钢筋种类主要包括( )、( )。

引导问题 11:构造柱纵筋长度的计算方法是( )。

引导问题 12:双肢箍筋的单根长度计算方法是( ),单肢箍筋的单根长度计算方法是( )。

引导问题 13:箍筋根数的计算方法是( )。

引导问题 14:如果构造柱上下部连接构造采用植筋形式,对工程量有何影响?

引导问题 15:计算构造柱的混凝土、模板及钢筋工程量。

清单工程量:_____

_____

_____

_____

定额工程量:_____

_____

_____

3.构造柱的做法套用与汇总

引导问题 16:构造柱混凝土应按( )项目进行清单列项,清单编码为( ),项目特征为( ),套用定额项目为( )。

引导问题 17:构造柱模板应按( )项目进行清单列项,清单编码为( ),项目特征为( ),套用定额项目为( )。

引导问题 18:首层构造柱混凝土的清单工程量为( ),定额工程量为( );首层构造柱模板的清单工程量为( ),定额工程量为( )。首层构造柱的纵筋工程量为( ),箍筋工程量为( )。

(四)过梁

1.过梁的软件计量

引导问题 1:( )表示过梁。通过识读实训项目图纸( )可知,本工程在( )处设置过梁。过梁截面宽度为( ),截面高度为( ),设计有( )根直径为( )mm 的纵筋,箍筋为直径( )mm、间距( )mm 的( )肢箍。

引导问题 2:依据图纸设计,应在( )时设计下挂板,其截面尺寸为( ),长度为( ),配筋为( )。

引导问题 3:过梁的软件建模步骤是( )。

引导问题 4:对过梁进行属性定义时,需要定义的属性内容主要有( )、( )、( )、( )和( )等。

引导问题 5:过梁采用( )绘制方法。

引导问题 6:依据图纸设计,在生成过梁时,过梁布置位置应为( ),

过梁布置条件为(   ),过梁生成方式可选择(   )。

引导问题7:识别生成过梁后,过梁伸入墙内长度是否需要调整? 如果需要调整,应如何调整?

2.过梁的手工对量

引导问题8:依据现行清单工程量计算规范,过梁混凝土工程量应按(   )以(   )计算。

【小提示】 过梁清单工程量计算规则(表 5-6)

表 5-6　过梁清单工程量计算规则

项目编码	项目名称	项目特征	计量单位	工程量计算规则	工作内容
010503005	过梁	1.混凝土种类 2.混凝土强度等级	m³	按设计图示尺寸以体积计算。伸入墙内的梁头、梁垫并入梁体积内梁长: 1.梁与柱连接时,梁长算至柱侧面。 2.主梁与次梁连接时,次梁长算至主梁侧面	1.模板及支架(撑)制作、安装、拆除、堆放、运输及清理模内杂物、刷隔离剂等 2.混凝土制作、运输、浇筑、振捣、养护

引导问题9:依据现行清单工程量计算规范,过梁模板工程量应按(   )乘以(   )以(   )计算。

【小提示】 过梁模板清单工程量计算规则(表 5-7)

表 5-7　过梁模板清单工程量计算规则

项目编码	项目名称	项目特征	计量单位	工程量计算规则	工作内容
011702009	过梁	支撑高度	m²	按模板与现浇混凝土构件的接触面积计算 1.现浇钢筋混凝土墙、板单孔面积≤0.3 m²的孔洞不予扣除,洞侧壁模板亦不增加;单孔面积>0.3 m²时应予扣除,洞侧壁模板面积并入墙、板工程量内计算 2.现浇框架分别按梁、板、柱有关规定计算;附墙柱、暗梁、暗柱并入墙内工程量计算 3.柱、梁、墙、板相互连接的重叠部分,均不计算模板面积	1.模板制作 2.模板安装、拆除、整理堆放及场内外运输 3.清理模板黏结物及模内杂物、刷隔离剂等

引导问题10:依据现行定额,过梁混凝土与过梁模板定额工程量与清单工程量是否一致?

引导问题11:过梁钢筋种类主要包括(　　　　　)、(　　　　)。

引导问题12:过梁纵筋长度的计算方法是(　　　　　　　　　　　　)。

引导问题13:双肢箍筋的单根长度计算方法是(　　　　　　　　　　),单肢箍筋的单根长度计算方法是(　　　　　　　　　　　　)。

引导问题14:箍筋根数的计算方法是(　　　　　　　　　　　)。

引导问题15:如果过梁端部连接采用植筋形式,对工程量有何影响?

引导问题16:计算过梁的混凝土、模板及钢筋工程量。

清单工程量:＿＿＿＿＿＿＿＿＿＿＿＿＿＿＿＿＿

＿＿＿＿＿＿＿＿＿＿＿＿＿＿＿＿＿＿＿＿＿＿＿＿＿＿

＿＿＿＿＿＿＿＿＿＿＿＿＿＿＿＿＿＿＿＿＿＿＿＿＿＿

计价工程量:＿＿＿＿＿＿＿＿＿＿＿＿＿＿＿＿＿

＿＿＿＿＿＿＿＿＿＿＿＿＿＿＿＿＿＿＿＿＿＿＿＿＿＿

＿＿＿＿＿＿＿＿＿＿＿＿＿＿＿＿＿＿＿＿＿＿＿＿＿＿

3.过梁的做法套用与汇总

引导问题17:过梁混凝土应按(　　　　　　　)项目进行清单列项,清单编码为(　　　　　),项目特征为(　　　　　),套用定额项目为(　　　　　)。

引导问题18:过梁模板应按(　　　　　　　)项目进行清单列项,清单编码为(　　　　　),项目特征为(　　　　　),套用定额项目为(　　　　　)。

引导问题19:首层过梁混凝土的清单工程量为(　　　　　),定额工程量为(　　　　　)。首层过梁模板的清单工程量为(　　　　),定额工程量为(　　　　)。首层过梁的纵筋工程量为(　　　　),箍筋工程量为(　　　　　)。

六、拓展问题

(1)门窗标识过密导致无法识别,应如何处理?

(2)墙体类型对工程量有影响吗?

(3)卷帘门应该如何定义?

七、相关知识点

(一)砌体墙、门窗、构造柱与过梁的属性定义与绘制

1.砌体墙的属性定义与绘制

(1)在导航树中选择"墙"→"砌体墙",在构件列表中单击"新建"→"新建外墙/内墙"。依据图纸设计,在属性列表中进行砌体墙的属性定义,主要包括砌体墙的名称、厚度、内/外墙标志、钢筋信息、标高等,如图5-2所示。

(2)在绘图界面,利用"直线"功能,将砌体墙绘制在相应轴线处。当墙与柱相交时,需要注意应将墙体画至柱中,墙体应在柱中相交。当遇到门窗洞口时,墙体需要贯通通过。

(3)运用"对齐"等功能,调整砌体墙的偏移距离。

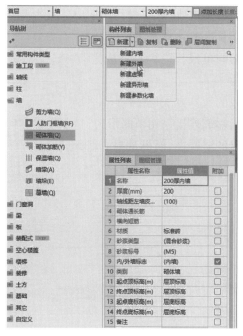

图 5-2　砌体墙的属性定义

2.门窗的属性定义与绘制

（1）在导航树中选择"门窗洞"→"门"，在构件列表中单击"新建"→"新建矩形门"。依据图纸设计，在属性列表中进行门的属性定义，主要包括门的名称、洞口尺寸、离地高度、框厚、标高等，如图 5-3 所示。窗的属性定义方法与门相同，如图 5-4 所示。

图 5-3　门的属性定义

图 5-4　窗的属性定义

（2）门窗的绘制方法常见的有点画和精确布置两种。使用"点"画功能，将门窗绘制在相应墙体处；使用"精确布置"功能，在需要精确布置的墙体上选择一点作为精确布置的起点，拖动鼠标选择方向，在输入框中输入偏移数值（该数值为窗边线距离起点的距离），按回车键确认完成，如图 5-5 所示。

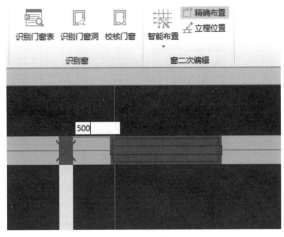

图 5-5 门窗的精确布置

3.构造柱的属性定义与绘制

（1）在导航树中选择"柱"→"构造柱"，在构件列表中单击"新建"→"新建构造柱"。依据图纸设计，在属性列表中进行构造柱的属性定义，主要包括构造柱名称、截面尺寸、钢筋信息和马牙槎宽度等，如图 5-6 所示。

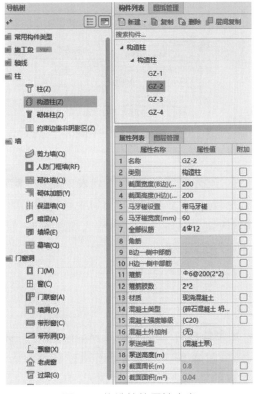

图 5-6 构造柱的属性定义

（2）在绘图界面，利用"点"画功能，将构造柱绘制在相应墙体处。

4.过梁的属性定义与绘制

（1）在导航树中选择"门窗洞"→"过梁"，在构件列表中单击"新建"→"新建矩形过梁"。依据图纸设计，在属性列表中进行过梁的属性定义，主要包括过梁名称、截面尺寸、钢筋信息和伸入墙内尺寸信息等，如图5-7所示。

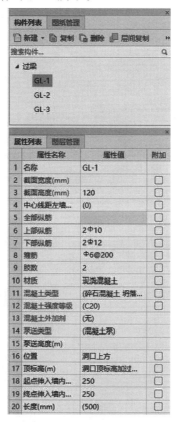

图5-7 过梁的属性定义

（2）在绘图界面，利用"点"画功能，将过梁绘制在相应位置处。

5.砌体加筋的属性定义与绘制

在导航树中选择"墙"→"砌体加筋"，在构件列表中单击"新建"→"新建砌体加筋"。依据图纸设计，在软件弹出的"选择参数化图形"窗口中选择加筋形式，并在右侧的大样图中输入钢筋长度后单击"确定"按钮。在属性列表中输入加筋信息，然后利用"点"画功能将砌体加筋布置在相应位置上即可完成绘制。

（二）砌体墙与门窗的识别

1.砌体墙的识别与校核

（1）单击"建模"→"识别砌体墙"，根据软件提示，单击选择"提取砌体墙边线"，点选需要提取的砌体墙边线CAD图元，单击鼠标右键确认；单击选择"提取墙标识"，点选需要提取的砌体墙标注CAD图元，单击鼠标右键确认；单

砌体墙的
识别与绘制

击选择"提取门窗线",点选需要提取的门窗标注 CAD 图元,单击鼠标右键确认;单击选择"识别砌体墙",弹出窗口,检查补充墙名称等信息,完成后单击"自动识别"。弹出提示"识别墙之前,请先绘好柱,此时识别的墙端头会自动延伸到柱内,是否继续?",单击选择"是"按钮,即可完成墙体识别,如图 5-8 所示。

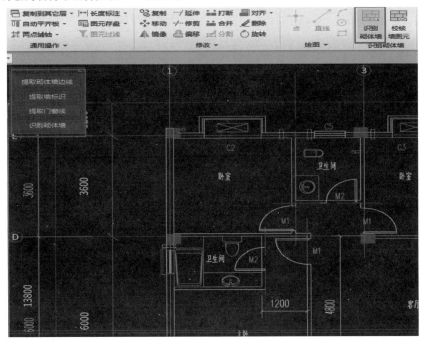

图 5-8　砌体墙的识别

（2）识别完成后,需要对绘制完成的墙体进行校核。对于没有识别出内外墙或内外墙识别错误的情况,可以利用"判断内外墙"功能区分内外墙,也可以采用修改属性、重新定义绘制等方法完成识别。对于漏画或在柱内未相交的墙体,要注意补齐墙体。

2.门窗的识别与校核

（1）通过识别门窗表来定义门窗的属性。在建模界面,单击"识别门窗表",鼠标左键拉框选择门窗表中的数据,单击鼠标右键确认。弹出"识别门窗表"窗口,使用"删除行"和"删除列"删除无用的行和列。对于构件类型识别错误的行,可以调整"类型"列中的构件类型。如果门窗离地高度不同,可以增加离地高度一列。确认无误后,单击"识别"按钮即可。

门窗的识别
与绘制

（2）通过识别门窗洞绘制门窗图元。在建模界面,单击"识别门窗洞",根据软件提示,单击选择"提取门窗线",点选需要提取的门窗边线 CAD 图元;单击选择"提取门窗洞标识",点选需要提取的门窗标注 CAD 图元;单击选择"自动识别",则提取的门窗边线和门窗标识被识别为软件的门窗构件,并弹出识别成功的提示,如图 5-9 所示。

（3）门窗识别后,需要依据设计图纸进行校核。门窗名称、类别、洞口宽度、洞口高度、框厚属于门窗公有属性,可在构件属性列表中进行修改。顶标高、离地高度属于私有属性,需要在绘图区选中绘制好的图元再修改,才对其他同名称的图元没有影响。

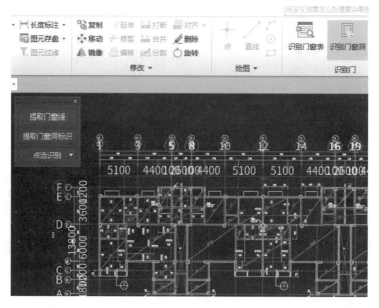

图 5-9　门窗的识别

（三）构造柱、过梁与砌体加筋的生成

1.构造柱的生成

（1）在建模界面,单击"生成构造柱",在软件弹出的"生成构造柱"窗口中,分别确定构造柱布置位置、构造柱属性与生成方式。依据图纸设计,在"布置位置(砌体墙上)"中选择需要生成构造柱的位置和间距;在"构造柱属性"中输入截面宽、截面高、纵筋和箍筋信息,输入格式与构造柱属性中格式一致,如图 5-10 所示。

构造柱的生成

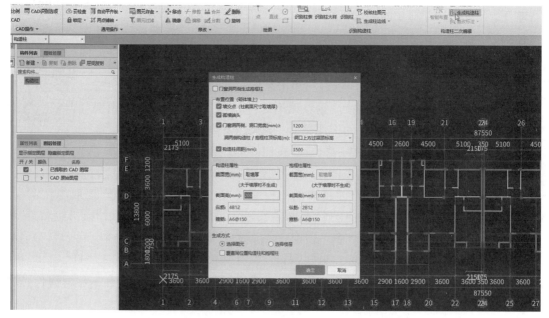

图 5-10　生成构造柱

（2）选择构造柱生成方式，勾选构造柱的生成范围，单击"确定"按钮即可生成构造柱。

（3）依据图纸设计，检查构造柱生成结果，可采用"删除"功能删除多余构造柱，也可以通过补画方式，在所需位置布置构造柱。

过梁的生成

2.过梁的生成

（1）在建模界面，单击"生成过梁"，在软件弹出的"生成过梁"窗口中，分别定义过梁布置位置、布置条件与生成方式。依据图纸设计，在"布置位置"中勾选需要生成过梁的位置。在"布置条件"中输入墙厚、洞宽、过梁高、过梁宽、上部钢筋、下部钢筋和箍筋信息，输入格式与过梁属性中格式一致。此时应注意，不输入墙厚时，所有墙上满足洞宽位置均生成过梁；输入墙厚时，只在对应墙厚的墙上生成过梁。可以通过"添加行"和"删除行"增减布置条件，如图5-11所示。

布置位置

☑门　☑窗　☑门联窗　☑墙洞　☐壁龛　☐飘窗　☐带形窗　☐带形洞

布置条件（单位：mm）

	墙厚（b）	洞宽（L）	过梁高	过梁宽	上部钢筋	下部钢筋	箍筋	肢数
1		0~1000	120	取墙厚	2A10	2B12	A6@200(2)	2
2		1000~1500	120	取墙厚	2A10	2B14	A6@200(2)	2
3		1500~2000	150	取墙厚	2B12	2B16	A6@200(2)	2
4		2000~2500	180	取墙厚	2B12	2B16	A6@200(2)	2
5		2500~3000	240	取墙厚	2B14	2B18	A6@200(2)	2

查看说明　　　　　　　　　　　　　添加行　删除行

生成方式

◉选择图元　　◯选择楼层
☐覆盖同位置过梁

确定　取消

图5-11　生成过梁

（2）选择过梁生成方式，勾选过梁的生成范围，单击"确定"按钮即可生成过梁。

（3）依据图纸设计，检查过梁生成结果。当图纸设计过梁伸入墙内长度不同于软件默认长度时，需要注意调整过梁属性"起点/终点伸入墙内的长度"。对于多余过梁，可采用"删除"功能删除。针对下挂板的设计，可按照过梁构件进行重新定义与补画，在所需位置布置绘制。

3.砌体加筋的生成

砌体加筋也可以采用"生成砌体加筋"的方式绘制。在建模界面，单击"砌体加筋二次编辑"→"生成砌体加筋"，在软件弹出的"生成砌体加筋"窗口中确定加筋设置，输入钢筋信息及长度，选择生成方式后，单击"确定"按钮即可。

砌体墙工程量
对量

（四）首层砌体墙、门窗、构造柱与过梁计量与对量

1.砌体墙工程量

（1）依据现行清单工程量计算规范，首层砌体墙清单工程量按设计图示尺寸以体积计算，扣除门窗、洞口、构造柱、过梁所占体积。框架间墙不分内外墙按砌体墙净尺寸以体积计算。

$$V=墙长×墙高×墙厚-V_{扣除}+V_{增加} \tag{5-1}$$

墙长应按砌体墙净尺寸计算，与框架柱相交时算至框架柱边。墙高应按砌体墙净高计算，与框架梁相交时算至框架梁底。墙厚按设计墙厚计算。应扣除的体积主要包括门窗洞

口、混凝土柱、梁、构造柱、过梁等所占体积。

（2）依据现行定额工程量计算规则，首层砌体墙定额工程量按设计图示尺寸以体积计算，计算方法同清单工程量。

2.门窗工程量

（1）依据现行清单工程量计算规范，首层门窗清单工程量按洞口尺寸以面积计算。

$$S = 洞口宽 \times 洞口高 \times N \tag{5-2}$$

（2）依据现行定额工程量计算规则，门窗工程量应区分材质、定额项目分别计算工程量。成品木门框安装按设计图示框的中心线长度计算。成品木门扇安装按设计图示扇面积计算。成品套装木门安装按设计图示数量计算。木质防火门安装按设计图示洞口面积计算。铝合金门窗（飘窗、阳台封闭窗除外）、塑钢门窗、塑料节能门窗均按设计图示门窗洞口面积计算。钢质防火门、防盗门按设计图示门洞口面积计算。电控防盗门按设计图示门洞口面积计算，电控防盗门控制器按设计图示套数计算。

3.构造柱混凝土与模板工程量

构造柱混凝土
与模板工程量
对量

1）构造柱混凝土工程量

（1）构造柱混凝土清单工程量。依据现行清单工程量计算规范，首层构造柱混凝土清单工程量按设计图示尺寸以体积计算。构造柱高按全高计算，嵌接墙体部分（马牙槎）工程量并入体积内。

$$V = S \times H + V_{马牙槎} \tag{5-3}$$

式中　S——截面面积；

　　　H——构造柱高度，与框架梁相交时算至框架梁底；

　　　$V_{马牙槎}$——按"0.03×马牙槎边长×构造柱高"计算。

（2）构造柱混凝土定额工程量。依据现行定额工程量计算规则，首层构造柱混凝土定额工程量按设计图示尺寸以体积计算，计算方法同清单工程量。

2）构造柱模板工程量

（1）构造柱模板清单工程量。依据现行清单工程量计算规范，首层构造柱模板工程量按模板与现浇混凝土构件的接触面积计算。构造柱外露面均应按图示外露部分计算模板面积，即马牙槎宽度应计算模板面积。

$$S = (L + 0.06 \times N) \times H \tag{5-4}$$

式中　L——构造柱外露长度；

　　　N——构造柱外露马牙槎个数；

　　　H——构造柱高度。

（2）构造柱模板定额工程量。依据现行定额工程量计算规则，构造柱均应按图示外露部分计算模板面积。带马牙槎构造柱的宽度按马牙槎处的宽度计算，计算方法同清单工程量。

4.过梁混凝土与模板工程量

过梁混凝土与
模板工程量
对量

1）过梁混凝土工程量

（1）过梁混凝土清单工程量。依据现行清单工程量计算规范，首层过梁混凝土清单工程量按设计图示尺寸以体积计算。

$$V = S \times L \times N \tag{5-5}$$

式中　S——过梁截面面积；

　　　L——过梁长度,按"门窗洞口宽度+两端伸入墙内长度"计取；

　　　N——过梁数量。

(2)过梁混凝土定额工程量。依据现行定额工程量计算规则,首层过梁混凝土定额工程量按设计图示尺寸以体积计算,计算方法同清单工程量。

2)过梁模板工程量

(1)过梁模板清单工程量。依据现行清单工程量计算规范,首层过梁模板清单工程量按模板与过梁的接触面积计算。

$$S = S_{底模}+S_{侧模}$$
$$=L\times B+(L+L_1)\times H\times 2 \tag{5-6}$$

式中　L——门窗洞口宽度；

　　　B——过梁宽度；

　　　L_1——过梁伸入墙内长度；

　　　H——过梁高度。

(2)过梁模板定额工程量。依据现行定额工程量计算规则,首层过梁模板定额工程量按模板与过梁的接触面积计算,计算方法同清单工程量。

5.构造柱钢筋工程量

依据钢筋工程量计算规则,首层构造柱钢筋应按钢筋的不同种类和规格分别列项,并按质量(设计长度乘以单位理论质量)计算工程量。实训项目图纸中构造柱连接构造采用植筋方式。

构造柱钢筋
工程量对量

$$角筋单根长度 L=柱净高 H_n=结构层高-上部框架梁高 \tag{5-7}$$

角筋根数由图纸设计确定。

$$植筋单根长度 L=植筋锚固值+搭接长度 \tag{5-8}$$
$$植筋根数 N=角筋根数\times 2 \tag{5-9}$$

箍筋单根长度计算方法同柱箍筋。

$$箍筋根数 N=\frac{构造柱高-起步距离}{箍筋间距}+1 \tag{5-10}$$

6.过梁钢筋工程量

依据钢筋工程量计算规则,首层过梁钢筋应按钢筋的不同种类和规格分别列项,并按质量(设计长度乘以单位理论质量)计算工程量。实训项目图纸中过梁连接构造采用植筋方式。

过梁钢筋
工程量对量

$$上部纵筋长度 L=过梁长-保护层厚度 \tag{5-11}$$

当纵筋为光圆钢筋时,应增加两端180°弯钩长度。上部纵筋根数由图纸设计确定。

下部纵筋长度及根数的计算方法同上部纵筋。

$$植筋单根长度 L=植筋锚固值+搭接长度 \tag{5-12}$$
$$植筋根数 N=纵筋根数\times 植筋端个数 \tag{5-13}$$

箍筋单根长度计算方法同梁箍筋。

$$箍筋根数=\frac{过梁长-保护层厚度-起步距离}{箍筋间距}+1 \tag{5-14}$$

（五）首层砌体墙、门窗、构造柱与过梁的做法套用

（1）在"定义"→"构件做法"中，通过查询清单库、查询定额库、添加清单、添加定额等进行各构件的清单和定额项目的做法套用。

（2）在"工程量表达式"中选择"TJ〈体积〉"，完成构件"砌体墙"、"构造柱混凝土"、"过梁混凝土"工程量提量。在"工程量表达式"中选择"DKMJ〈洞口面积〉"，完成构件门窗工程量提量。在"工程量表达式"中选择"MBMJ〈模板面积〉"，完成构件构造柱模板、过梁模板工程量提量，如图5-12至图5-16所示。

图 5-12　砌体墙的做法套用

图 5-13　门的做法套用

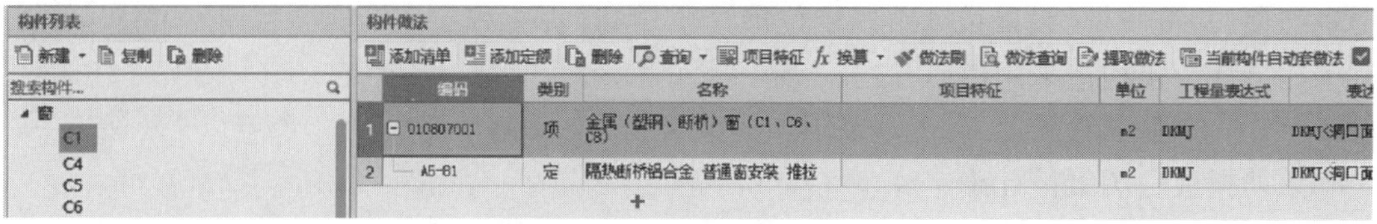

图 5-14　窗的做法套用

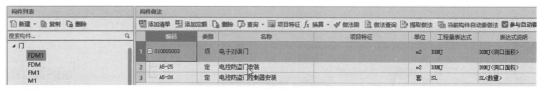

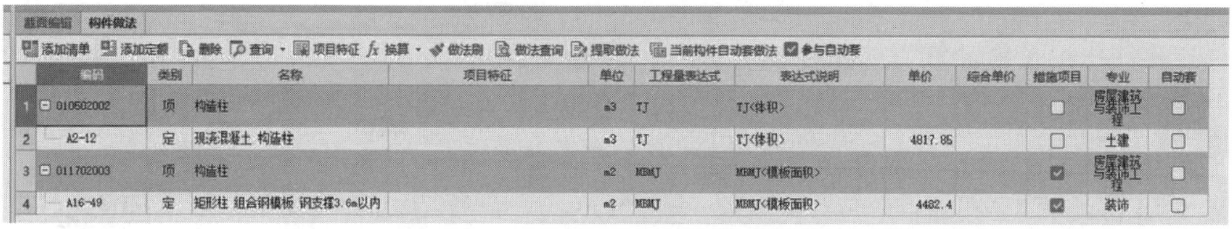

图 5-15　构造柱的做法套用

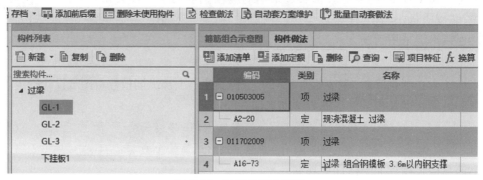

图 5-16　过梁的做法套用

八、评价反馈（表5-8）

表5-8 首层砌体墙、门窗、构造柱与过梁计量学习情境评价表

序号	评价项目	评价标准	满分	评价			综合得分
				自评	互评	师评	
1	砌体墙、门窗、构造柱与过梁的软件计量	砌体墙、门窗、构造柱与过梁绘制方法选择恰当； 砌体墙、门窗、构造柱与过梁的新建、属性定义与绘制操作正确； 砌体墙识别操作正确； 门窗表及门窗洞识别操作正确； 生成构造柱操作正确； 生成过梁操作正确	35				
2	砌体墙、门窗、构造柱与过梁的手工计量	能正确理解与运用砌体墙、门窗、构造柱与过梁的工程量计算规则； 砌体墙、门窗工程量计算正确； 构造柱与过梁的混凝土工程量计算正确； 构造柱与过梁的模板工程量计算正确； 构造柱与过梁的钢筋工程量计算正确	35				
3	砌体墙、门窗、构造柱与过梁的做法套用	砌体墙、门窗、构造柱与过梁的清单列项与提量正确； 砌体墙、门窗、构造柱与过梁的定额列项与提量正确	10				
4	砌体墙、门窗、构造柱与过梁工程量计算与查看	能根据需要计算所需工程量； 能根据需要查看所需工程量	10				
5	工作过程	严格遵守工作纪律，按时提交工作成果； 积极参与教学活动，具备自主学习能力； 积极参与小组活动，具备倾听、协作与分享意识	10				
	小 计		100				

九、实训总结

请针对实训任务的完成情况，进行相关知识点与技能点、知识难点与重点、工作流程与方法、自我感受等内容的梳理与总结。

学习情境六 首层飘窗与楼梯计量

一、学习情境描述

依据《建设工程工程量清单计价规范》（GB 50500—2013）、《房屋建筑与装饰工程工程量计算规范》（GB 50854—2013）、《湖北省房屋建筑与装饰工程消耗量定额及全费用基价表》（2018 版），完成实训项目首层飘窗与楼梯的软件建模及计量（图 6-1），并进行手工计量对量，掌握飘窗与楼梯的工程量计算方法。

图 6-1　首层飘窗与楼梯

二、学习目标

（1）能结合实训项目图纸，选择适当的绘制方法，完成首层飘窗与楼梯的属性定义与绘制。

（2）能正确运用清单与定额工程量计算规则，完成首层飘窗与楼梯的工程量计算。

（3）能完成首层飘窗与楼梯的做法套用和软件提量。

三、工作任务

（1）识读飘窗与楼梯的相关图纸，完成首层飘窗与楼梯的软件建模。

（2）利用首层飘窗与楼梯的手工计量结果进行对量，再进行首层飘窗与楼梯的做法套用和软件提量。

四、工作准备

（1）阅读工作任务，识读实训项目图纸，明确飘窗的构造尺寸、平面位置，以及组成飘窗的各个构件的截面尺寸、平面位置、标高与配筋情况；楼梯的构造尺寸、平面位置、标高，以及组成楼梯的各个构件的截面尺寸、平面位置、标高与配筋情况。

（2）收集《建设工程工程量清单计价规范》（GB 50500—2013）、《房屋建筑与装饰工程工程量计算规范》（GB 50854—2013）、《湖北省房屋建筑与装饰工程消耗量定额及全费用基价表》（2018 版）中关于飘窗与楼梯计量的相关知识。

（3）结合工作任务分析飘窗与楼梯计量中的难点和常见问题。

五、工作实施

（一）首层飘窗

1.飘窗构造与图纸识读

引导问题 1：飘窗是由哪些构件组成的？

引导问题 2：门窗表中 C2 的洞口尺寸为（　　　　　　　　　　），窗台高度为（　　　　）。

引导问题 3：C2 顶板长度为（　　　　），宽度为（　　　　），厚度为（　　　　），板顶标高为（　　　　）。

引导问题 4：C2 底板长度为（　　　　），宽度为（　　　　），厚度为（　　　　），板顶标高为（　　　　）。

引导问题 5：C2 下部压梁长度为（　　　　　）。

引导问题 6：飘窗的装饰装修构造是怎样的？

飘窗构造与识图

> **【小提示】**　　　　　　　　　**飘窗构造**
>
> 　　飘窗平面一般呈矩形或梯形，由室内向室外凸出，三面或一面装有玻璃。飘窗的窗台高度比一般窗户矮，采光良好，窗台宽敞，使得室内空间在视觉上得以延伸。飘窗玻璃凸出外墙，在飘窗顶部和底板设计有飘窗顶板和底板。飘窗板的荷载由房屋框架梁或飘窗压梁承担，飘窗压梁应以两侧混凝土构件为支座。

2.飘窗的软件计量

引导问题 7：飘窗的建模方法有哪些？

引导问题 8：定义参数化飘窗属性时，截面形状为（　　　　），建筑面积计算为（　　　　），离地高度为（　　　　）。

引导问题 9：进行飘窗 C2 的平面参数输入时，各参数值应为：

窗长 CC		洞口宽 DK	
窗距底（顶）板边长 X2（X5）		窗距底（顶）板边长 X3（X6）	
左侧板厚 ZCBH		右侧板厚 YCBH	
左侧板水平筋 ZCBSPJ		右侧板水平筋 YCBSPJ	
左侧板垂直筋 ZCBCZJ		右侧板垂直筋 YCBCZJ	

引导问题 10:进行飘窗 C2 的立面参数输入时,各参数值应为:

窗高 CG		洞口高 DG	
窗宽 CK		窗距底(顶)板边长 X1(X4)	
底板厚 H1		顶板厚 H2	
底座高 ZG		底座宽 ZK	
顶板上部 X 向筋/Y 向筋		顶板下部 X 向筋/Y 向筋	
底板上部 X 向筋/Y 向筋		底板下部 X 向筋/Y 向筋	

引导问题 11:参数化飘窗的绘制方法有哪些?

引导问题 12:参数化飘窗的装修是否需要单独绘制?

3.飘窗工程量手工对量

引导问题 13:依据现行清单工程量计算规范,飘窗顶板与底板混凝土工程量以(　　　）为单位,按(　　　　　　　　　)计算,其模板工程量应以(　　　）为单位,按(　　　）计算。

引导问题 13:依据现行清单工程量计算规范,飘窗工程量应以(　　　　）为单位,按(　　　　　　　　　　　　　　　)计算。

【小提示】　　　　飘窗清单工程量计算规则(表 6-1)

表 6-1　飘窗清单工程量计算规则

项目编码	项目名称	项目特征	计量单位	工程量计算规则	工作内容
010807007	金属(塑钢、断桥)飘(凸)窗	1.窗代号 2.框外围展开面积 3.框、扇材质 4.玻璃品种、厚度	1.樘 2.m²	1.以樘计量,按设计图示数量计算 2.以平方米计量,按设计图示尺寸以框外围展开面积计算	1.窗安装 2.五金、玻璃安装

注:金属橱窗、飘(凸)窗以樘计量,项目特征必须描述框外围展开面积。

引导问题 14:飘窗板顶面、侧面、底面装饰装修清单工程量应如何计算?

引导问题 15:依据现行定额,飘窗板混凝土与模板的定额工程量与清单工程量是否一致?

引导问题 16:依据现行定额,飘窗板装饰装修的定额工程量与清单工程量是否一致?

引导问题 17:依据现行定额,飘窗的定额工程量与清单工程量是否一致?

引导问题 18:计算以下项目的清单工程量和定额工程量:

序号	项目	单位	计算式
1	飘窗（C2）		
2	飘窗板混凝土（C2）		
3	飘窗板模板（C2）		
4	飘窗板钢筋（C2）		
5	飘窗板装饰装修（C2）		

4.飘窗做法套用

引导问题 19:飘窗板混凝土应按（   ）项目进行清单列项,清单编码为（   ）,项目特征为（   ）,套用定额项目为（   ）。

引导问题 20:飘窗板模板应按（   ）项目进行清单列项,清单编码为（   ）,项目特征为（   ）,套用定额项目为（   ）。

引导问题 21:飘窗应按（   ）项目进行清单列项,清单编码为（   ）,项目特征为（   ）,套用定额项目为（   ）。

引导问题 22:飘窗顶板顶面装饰装修应按（   ）项目进行清单列项,清单编码为（   ）,项目特征为（   ）,套用定额项目为（   ）。

引导问题 23:飘窗顶板侧面装饰装修应按（   ）项目进行清单列项,清单编码为（   ）,项目特征为（   ）,套用定额项目为（   ）。

引导问题 24:飘窗顶板底面装饰装修应按（   ）项目进行清单列项,清单编码为（   ）,项目特征为（   ）,套用定额项目为(　　　　　　　　　)。

引导问题25:飘窗底板顶面装饰装修应按(　　　　　　　　　)项目进行清单列项,清单编码为(　　　　　　　　　),项目特征为(　　　　　　　　),套用定额项目为(　　　　　　　　　)。

引导问题26:飘窗底板侧面装饰装修应按(　　　　　　　　　)项目进行清单列项,清单编码为(　　　　　　　　　),项目特征为(　　　　　　　　),套用定额项目为(　　　　　　　　　)。

引导问题27:飘窗底板底面装饰装修应按(　　　　　　　　　)项目进行清单列项,清单编码为(　　　　　　　　　),项目特征为(　　　　　　　　),套用定额项目为(　　　　　　　　　)。

5.飘窗工程量汇总

引导问题28:首层飘窗板混凝土的清单工程量为(　　　　　)。首层飘窗板模板的清单工程量为(　　　　　)。首层飘窗工程量为(　　　　　)。

(二)首层楼梯

1.楼梯构造与图纸识读

引导问题1:首层楼梯属于哪种类型楼梯? 是由哪些构件组成的?

引导问题2:首层楼梯板属于(　　　　)型梯板,梯板厚度为(　　　　　),梯板宽度为(　　　　)。楼梯踏步踏面宽为(　　　　　),踢面高为(　　　　　)。梯板上部纵筋为(　　　　　),下部纵筋为(　　　　　),分布筋为(　　　　　)。梯板底标高为(　　　　　),顶标高为(　　　　)。

引导问题3:PTB2 板厚度为(　　　　　),板顶标高为(　　　　　),板底受力筋为(　　　　　),板面负筋为(　　　　　),分布筋为(　　　　　)。

引导问题4:TL1 截面尺寸为(　　　　　),梁顶标高为(　　　　　),上部纵筋为(　　　　),下部纵筋为(　　　　　),侧面钢筋为(　　　　　),箍筋为(　　　　　)。

引导问题5:首层室内楼梯的装饰装修做法是怎样的?

【小提示】　　　　　　　　楼梯构造

　　楼梯是建筑物楼层间垂直交通用构件,用于楼层之间和高差较大时的交通联系。楼梯按照所处位置分为室内楼梯和室外楼梯,按照平面形式分为单跑楼梯、双跑楼梯、三跑楼梯、剪刀式楼梯、交叉式楼梯等。现浇式钢筋混凝土楼梯按结构形式不同分为板式楼梯和梁板式楼梯。楼梯一般由梯柱、梯梁、梯段、楼层平台、休息平台、栏杆扶手等组成。

2.楼梯的软件计量

引导问题6:楼梯的建模绘制方法有哪些?

引导问题7:定义参数化楼梯属性时,截面形状为(　　　　　),建筑面积计算为(　　　　　),底标高为(　　　　　)。

楼梯构造
与识图

引导问题8：进行楼梯参数输入时，各参数值应为：

TL1 宽度		TL1 高度	
TL2 宽度		TL2 高度	
踢脚线高度		栏杆距边	
梁搁置长度		梯段级数	
楼梯宽度		踏步高度	
踏步宽度		梯板厚度	
楼板厚度			

引导问题9：用表格输入进行楼梯钢筋计量时，应选择标准图集（　　　　　　）中的（　　　　　）型楼梯。进行相应参数输入时，各参数值应为：

梯板厚度(h)		踏步段总高(th)	
梯板配筋		梯板净宽(tbjk)	
踏步宽(bs)		踏步数(m)	
梯板分布钢筋		低端梯梁(bd)	
高端梯梁(bg)		梯段上部负筋	
梯段下部负筋			

引导问题10：参数化楼梯的绘制方法有哪些？

引导问题12：楼梯装饰装修应如何布置？

3.楼梯工程量手工对量

引导问题13：依据现行清单工程量计算规范，楼梯混凝土工程量应以（　　　　）为单位，按（　　　　　　　　　　　　　　　　　）计算。

引导问题14：依据现行清单工程量计算规范，楼梯模板工程量应以（　　　　）为单位，按（　　　　　　　　　　　　　　　　　）计算。

引导问题15：依据现行清单工程量计算规范，楼梯装饰面层应以（　　　　）为单位，按（　　　　　　　　　　　　　　　　　）计算。

引导问题16：依据现行清单工程量计算规范，楼梯踢脚线层应以（　　　　）为单位，按（　　　　　　　　　　　　　　　　　）计算。

引导问题17：依据现行清单工程量计算规范，楼梯栏杆应以（　　　　）为单位，按（　　　　　　　　　　　　　　　　　）计算。

【小提示】　　　　**楼梯清单工程量计算规则（表6-2）**

表6-2　楼梯清单工程量计算规则

项目编码	项目名称	项目特征	计量单位	工程量计算规则	工作内容
010506001	直形楼梯	1.混凝土种类 2.混凝土强度等级	1.m² 2.m³	1.以平方米计量,按设计图示尺寸以水平投影面积计算。不扣除宽度≤500 mm的楼梯井,伸入墙内部分不计算 2.以立方米计量,按设计图示尺寸以体积计算	1.模板及支架（撑）制作、安装、拆除、堆放、运输及清理模内杂物、刷隔离剂等 2.混凝土制作、运输、浇筑、振捣、养护
011702024	楼梯	类型	m²	按楼梯(包括休息平台、平台梁、斜梁和楼层板的连接梁)的水平投影面积计算,不扣除宽度≤500 mm的楼梯井所占面积,楼梯踏步、踏步板、平台梁等侧面模板不另计算,伸入墙内部分亦不增加	1.模板制作 2.模板安装、拆除、整理堆放及场内外运输 3.清理模板黏结物及模内杂物、刷隔离剂等

注:整体楼梯(包括直形楼梯、弧形楼梯)水平投影面积包括休息平台、平台梁、斜梁和楼梯的连接梁。当整体楼梯与现浇楼板无梯梁连接时,以楼梯的最后一个踏步边缘加300 mm为界。

引导问题18:依据现行定额,楼梯混凝土与模板的定额工程量与清单工程量是否一致?

引导问题19:依据现行定额,楼梯装饰项目定额工程量与清单工程量是否一致?

引导问题20:计算以下项目的清单工程量和定额工程量:

序号	项目	单位	计算式
1	首层楼梯混凝土（1AT1）		
2	首层楼梯模板（1AT1）		
3	首层楼梯钢筋（1AT1）		

续表

序号	项目	单位	计算式
4	楼梯装饰面层（1AT1）		
5	楼梯踢脚线（1AT1）		
6	楼梯栏杆（1AT1）		

4.楼梯做法套用

引导问题21：楼梯混凝土应按（   ）项目进行清单列项，清单编码为（   ），项目特征为（   ），套用定额项目为（   ）。

引导问题22：楼梯模板应按（   ）项目进行清单列项，清单编码为（   ），项目特征为（   ），套用定额项目为（   ）。

引导问题23：楼梯装饰面层应按（   ）项目进行清单列项，清单编码为（   ），项目特征为（   ），套用定额项目为（   ）。

引导问题24：楼梯踢脚线应按（   ）项目进行清单列项，清单编码为（   ），项目特征为（   ），套用定额项目为（   ）。

引导问题25：楼梯栏杆应按（   ）项目进行清单列项，清单编码为（   ），项目特征为（   ），套用定额项目为（   ）。

5.楼梯工程量汇总

引导问题26：首层楼梯混凝土的清单工程量为（   ），首层楼梯模板的清单工程量为（   ）。

引导问题27：首层楼梯的钢筋工程量为（   ）。

引导问题28：首层楼梯装饰面层工程量为（   ），楼梯踢脚线工程量为（   ），首层楼梯栏杆工程量为（   ）。

六、拓展问题

（1）组合构建飘窗和构建参数化飘窗各有何特点？

（2）新建楼梯、新建参数化楼梯、新建直形梯段有何区别？

（3）飘窗和楼梯应如何计算建筑面积？

七、相关知识点

(一)飘窗

1.飘窗的属性定义与绘制

1)以构件组合构建方式定义绘制飘窗

(1)在"板"中,分别定义飘窗顶板与底板。

(2)利用"分层"功能,在相应标高绘制飘窗顶板与底板,并布置板钢筋。

(3)在"门窗洞"中,新建定义"带形窗",完成相应飘窗的绘制。

2)以参数化飘窗方式定义绘制飘窗

(1)在导航树中选择"门窗洞"→"飘窗",在构件列表中单击"新建"→
"新建参数化飘窗"。

(2)在弹出的"选择参数化图形"窗口中选择"矩形飘窗"。

(3)依据图纸设计,输入相关参数信息,单击"确定"按钮完成飘窗的
新建。

参数化飘窗
绘制

(4)在属性列表中确定飘窗离地高度。

(5)在建模界面,利用"点"画方式绘制飘窗,如图 6-2 所示。

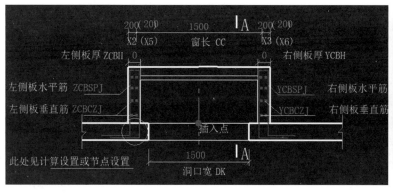
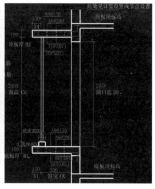

图 6-2 参数化飘窗

3)飘窗压梁的绘制

飘窗压梁可用"栏板"、"挑檐"、"圈梁"等构件替代绘制,具体绘制方法详见学习情
境八。

4)飘窗板装饰装修的布置

飘窗板顶面、底面、侧面的装饰装修不需要单独定义绘制,可以在飘窗板或参数化飘窗
构件绘制完成后,在报表中提取对应工程量;也可以在相应构件界面套取清单定额,在工程
量表达式中根据实际情况选择相应代码,或进行代码组合即可。

2.首层飘窗计量与对量

1)飘窗板混凝土工程量

依据悬挑板混凝土工程量计算规则,按体积计算飘窗板混凝土的清单工

飘窗板混凝土、
模板及飘窗
工程量对量

程量与定额工程量。

$$V=飘窗板长×飘窗板挑出宽度×板厚 \tag{6-1}$$

2）飘窗板模板工程量

依据悬挑板模板工程量计算规则，按图示外挑部分尺寸的水平投影面积计算飘窗板模板的清单工程量与定额工程量。

$$S=飘窗板长×飘窗板挑出宽度 \tag{6-2}$$

3）飘窗板钢筋工程量

飘窗板钢筋工程量计算方法与板钢筋工程量计算方法一致。

4）飘窗工程量计算

依据飘窗工程量计算规则，按设计图示尺寸以框外围展开面积，以"m^2"计算飘窗清单工程量和定额工程量。

$$S=（洞口宽+侧面宽×2）×洞口高 \tag{6-3}$$

5）飘窗压梁工程量

飘窗压梁工程量计算方法详见学习情境八中"飘窗压梁计量"。

3.首层飘窗做法套用（图6-3）

（1）在"定义"→"构件做法"中，通过查询清单库、查询定额库、添加清单、添加定额等进行飘窗板与飘窗的清单和定额项目做法套用。

（2）在"工程量表达式"中选择"TTJ〈砼体积〉"（注："砼"指混凝土，下同），完成飘窗板的混凝土提量。

（3）在"工程量表达式"中选择"DDBDMMJ〈底板底面面积〉+DGBDMMJ〈顶板顶面面积〉"，完成飘窗板的模板提量。

（4）在"工程量表达式"中选择"CMJ〈窗面积〉"，完成飘窗提量。

（5）在"工程量表达式"中选择"DDBCMMJ〈底板侧面面积〉+DDBDMMJ〈底板底面面积〉+CWDDBDMZHXMJ〈窗外底板顶面装修面积〉+DGBCMMJ〈顶板侧面面积〉+DGBDMMJ〈顶板顶面面积〉+CWDGBDMZHXMJ〈窗外顶板底面装修面积〉"，完成飘窗窗外的保温、防水、涂料等提量。

	编码	类别	名称	项目特征	单位	工程量表达式	表达式说明	单价	综合单价
1	011702023	项	悬挑板（飘窗板）		m2	DDBDMMJ+DGBDMMJ	DDBDMMJ〈底板底面面积〉+DGBDMMJ〈顶板顶面面积〉		
3	010505008	项	悬挑板（飘窗板）		m3	TTJ	TTJ〈砼体积〉		
5	010807007	项	金属（塑钢、断桥）飘（凸）窗		m2	CMJ	CMJ〈窗面积〉		
7	011407001	项	墙面喷刷涂料（外墙二 飘窗）		m2	DDBCMMJ+DDBDMMJ+CWDDBDMZHXMJ+DGBCMMJ+DGBDMMJ+CWDGBDMZHXMJ	DDBCMMJ〈底板侧面面积〉+DDBDMMJ〈底板底面面积〉+CWDDBDMZHXMJ〈窗外底板顶面装修面积〉+DGBCMMJ〈顶板侧面面积〉+DGBDMMJ〈顶板顶面面积〉+CWDGBDMZHXMJ〈窗外顶板底面装修面积〉		
9	011001003	项	保温隔热墙面（外墙二 飘窗）		m2	DDBCMMJ+DDBDMMJ+CWDDBDMZHXMJ+DGBCMMJ+DGBDMMJ+CWDGBDMZHXMJ	DDBCMMJ〈底板侧面面积〉+DDBDMMJ〈底板底面面积〉+CWDDBDMZHXMJ〈窗外底板顶面装修面积〉+DGBCMMJ〈顶板侧面面积〉+DGBDMMJ〈顶板顶面面积〉+CWDGBDMZHXMJ〈窗外顶板底面装修面积〉		
12	011301001	项	天棚抹灰（顶棚一 飘窗）		m2	CNDGBDMZHXMJ	CNDGBDMZHXMJ〈窗内顶板底面装修面积〉		
14	011406001	项	抹灰面油漆（顶棚一 飘窗）		m2	CNDGBDMZHXMJ	CNDGBDMZHXMJ〈窗内顶板底面装修面积〉		
16	011201001	项	墙面一般抹灰（内墙一 飘窗）		m2	CNDDBDMZHXMJ	CNDDBDMZHXMJ〈窗内底板顶面装修面积〉		
18	011406001	项	抹灰面油漆（内墙一 飘窗）		m2	CNDDBDMZHXMJ	CNDDBDMZHXMJ〈窗内底板顶面装修面积〉		

图6-3 飘窗做法套用

（6）在"工程量表达式"中选择"CNDGBDMZHXMJ〈窗内顶板底面装修面积〉"和"CND-DBDMZHXMJ〈窗内底板顶面装修面积〉"，完成飘窗窗内的抹灰、涂料等提量。

（二）楼梯

1.楼梯的属性定义与绘制

1）楼梯梯梁的属性定义与绘制

TL1 按照梁的属性定义、绘制方法进行属性定义与绘制。

2）楼梯平台板的属性定义与绘制

PTB2 按照板的属性定义、绘制方法进行属性定义与绘制，并布置相应钢筋。

3）参数化楼梯的属性定义与绘制（图6-4）

（1）在导航树中选择"楼梯"→"楼梯"，在构件列表中单击"新建"→"新建参数化楼梯"。

参数化楼梯绘制

（2）在弹出的"选择参数化图形"窗口中，选择"直形单跑楼梯"。

（3）依据图纸设计，输入相关参数信息，单击"确定"按钮完成楼梯的新建。

（4）在属性列表中确定楼梯底标高。

（5）在建模界面，采用"点"画方式，利用"旋转点"绘制楼梯。

图6-4　参数化楼梯

4）楼梯钢筋布置（图6-5）

（1）在"工程量"界面，选择"表格输入"→"钢筋"，添加构件"AT1"，在属性列表中输入构件数量。

楼梯钢筋布置

（2）在"表格"界面，选择"参数输入"，在图集列表中选择"11G101-2 楼梯"中的"AT 型楼梯"。

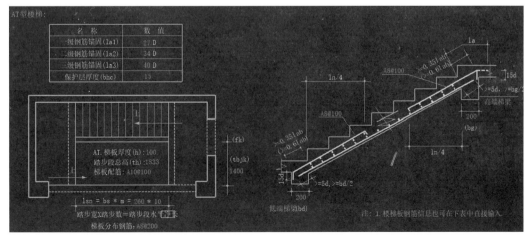

图6-5　楼梯钢筋

（3）依据图纸设计，在图形窗口输入相关信息后单击"计算保存"按钮。

5）楼梯装饰装修的布置

楼梯面层、底面装饰、踢脚线、扶手栏杆可以分别单独定义和绘制，也可以在参数化楼梯构件绘制完成后，在报表中提取对应工程量；或者在相应构件界面套取清单定额，在工程量表达式中根据实际情况选择相应代码即可，多种代码可以自由组合。

2.首层楼梯计量与对量

1）楼梯梯梁与平台板工程量

（1）TKL4 依据梁的工程量计算规则，按体积计算混凝土的清单工程量与定额工程量，按接触面积计算模板的清单工程量与定额工程量。

楼梯工程量
对量

（2）TL1 依据楼梯的工程量计算规则，按水平投影面积计算混凝土与模板的清单工程量与定额工程量。

（3）PTB2 依据有梁板的工程量计算规则，按体积计算混凝土的清单工程量和定额工程量，按接触面积计算模板的清单工程量和定额工程量。

2）混凝土楼梯的工程量

（1）依据楼梯的混凝土工程量计算规则，按设计图示尺寸以水平投影面积，以"m^2"计算清单工程量和定额工程量。

（2）依据楼梯的模板工程量计算规则，按设计图示尺寸以水平投影面积，以"m^2"计算清单工程量和定额工程量。

3）AT 型楼梯钢筋工程量

（1）下部纵筋：

$$L=斜长+两端锚固长度 \tag{6-4}$$
$$N=（梯板净宽/间距）+1 \tag{6-5}$$

（2）上部高低端纵筋：

$$L=跨内弯折长度+斜长+端部锚固长度 \tag{6-6}$$
$$N=（梯板净宽/间距）+1 \tag{6-7}$$

（3）梯板分布筋：

$$L=梯板净宽-保护层厚度 \tag{6-8}$$
$$N=（下部纵筋净长/间距+1）+（上部高端纵筋净长/间距+1）+（上部低端纵筋净长/间距+1） \tag{6-9}$$

4）楼梯装饰装修工程量

（1）依据工程量计算规则，按设计图示尺寸以楼梯（包括踏步、休息平台及≤500 mm 的楼梯井）水平投影面积计算楼梯装饰面层清单工程量和定额工程量。楼梯与楼地面相连时，算至梯口梁内侧边沿；无梯口梁者，算至最上一层踏步边沿加 300 mm。

（2）依据工程量计算规则，按设计图示长度乘以高度以面积计算楼梯踢脚线清单工程量和定额工程量。楼梯靠墙踢脚线（含锯齿形部分）贴块料按设计图示面积计算。

（3）依据工程量计算规则，按设计图示以扶手中心线长度（包括弯头长度）计算楼梯栏杆清单工程量和定额工程量。

3.首层楼梯的做法套用(图6-6)

(1)在"定义"→"构件做法"中,通过查询清单库、查询定额库、添加清单、添加定额等进行平台板、梯梁和楼梯的清单和定额项目做法套用。

(2)在"工程量表达式"中选择"TJ〈砼体积〉",完成平台板的混凝土提量;选择"MBMJ〈模板面积〉",完成平台板的模板提量。

(3)在"工程量表达式"中选择"TYMJ〈水平投影面积〉",完成楼梯的混凝土及模板提量。

(4)在"工程量表达式"中选择"TYMJ〈水平投影面积〉",完成楼梯的装饰面层提量。

(5)在"工程量表达式"中选择"TJXMMJJ〈踢脚线面积(斜)〉＊2",完成楼梯的踢脚线提量。

(6)在"工程量表达式"中选择"KQFSCD〈靠墙扶手长度〉＊2",完成楼梯的靠墙扶手提量。

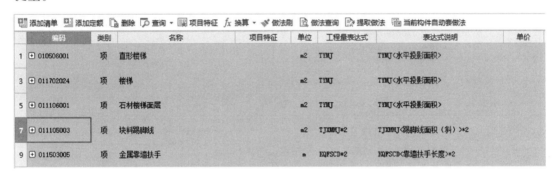

图6-6　楼梯做法套用

八、评价反馈（表6-3）

表6-3 首层飘窗与楼梯计量学习情境评价表

序号	评价项目	评价标准	满分	评价			综合得分
				自评	互评	师评	
1	飘窗的软件计量	飘窗绘制方法选择恰当； 飘窗属性定义操作正确； 飘窗参数确定正确； 飘窗绘制操作正确	20				
2	飘窗的手工计量	能正确理解与运用飘窗板混凝土与模板、飘窗的工程量计算规则； 飘窗板混凝土、模板工程量计算正确； 飘窗板钢筋工程量计算正确； 飘窗工程量计算正确； 飘窗装饰工程量计算正确	15				
3	飘窗的做法套用	飘窗板、飘窗的清单列项与提量正确； 飘窗板、飘窗的定额列项与提量正确	10				
4	楼梯的软件计量	楼梯绘制方法选择恰当； 梯梁、梯板的属性定义、绘制操作正确； 楼梯属性定义、参数输入正确； 楼梯绘制操作正确； 楼梯钢筋表格输入正确	20				
5	楼梯的手工计量	能正确理解与运用梯梁、平台板、楼梯的混凝土、模板、装饰工程量计算规则； 梯梁的混凝土、模板、钢筋工程量计算正确； 平台板的混凝土、模板、钢筋工程量计算正确； 楼梯的混凝土、模板、钢筋工程量计算正确； 楼梯装饰工程量计算正确	15				
6	楼梯的做法套用	梯梁、平台板、楼梯的清单列项与提量正确； 梯梁、平台板、楼梯的定额列项与提量正确	10				
7	工作过程	严格遵守工作纪律,按时提交工作成果； 积极参与教学活动,具备自主学习能力； 积极参与小组活动,具备倾听、协作与分享意识	10				
小 计			100				

九、实训总结

请针对实训任务的完成情况,进行相关知识点与技能点、知识难点与重点、工作流程与方法、自我感受等内容的梳理与总结。

学习情境七　首层装饰装修工程计量

一、学习情境描述

依据《建设工程工程量清单计价规范》(GB 50500—2013)、《房屋建筑与装饰工程工程量计算规范》(GB 50854—2013)、《湖北省房屋建筑与装饰工程消耗量定额及全费用基价表》(2018 版),完成实训项目中首层室内装饰、外墙保温及外墙装饰的软件建模(图 7-1)及计量,并进行手工计量对量,掌握室内装饰装修工程的工程量计算方法。

图 7-1　首层装饰建模成果

二、学习目标

(1)能选择适当的绘制方法,完成实训项目首层室内装饰、外墙保温及外墙装饰工程的属性定义与绘制。

(2)能正确运用清单与定额工程量计算规则,进行首层室内地面、墙面、吊顶天棚、外墙保温及外墙装饰的工程量计算。

(3)能完成首层室内地面、墙面、吊顶天棚、外墙保温及外墙装饰工程的做法套用与软件提量。

三、工作任务

(1)识读与室内外装饰、外墙保温相关的图纸,特别是地面、墙面、吊顶天棚的构造做法与设计说明。

(2)完成首层室内装饰、外墙装饰、外墙保温的软件建模,利用首层装饰装修的手工计量结果进行对量,再进行首层室内装饰、外墙装饰及外墙保温的做法套用与软件提量。

四、工作准备

(1)阅读工作任务,识读实训项目图纸,明确首层室内地面、墙面、吊顶天棚以及外墙面的构造做法、标高、平面位置等相关信息。

(2)收集《建设工程工程量清单计价规范》(GB 50500—2013)、《房屋建筑与装饰工程工程量计算规范》(GB 50854—2013)、《湖北省房屋建筑与装饰工程消耗量定额及全费用基价表》（2018 版）中关于装饰工程中地面、墙面、吊顶天棚、保温计量的相关知识。

（3）结合工作任务分析装饰工程中地面、墙面、吊顶天棚、外墙装饰及外墙保温工程量计量的难点和常见问题。

五、工作实施

（一）室内装修工程软件计量

1.室内地面绘制

引导问题 1：首层卫生间室内地面做法：垫层材料品种为（　　　　　　），垫层厚度为（　　　　　　）；找平层材料品种为（　　　　　　），找平层厚度为（　　　　　　）；防水层材料品种为（　　　　　　），遍数为（　　　　　　），上翻高度为（　　　　　　）；面层材料品种、规格为（　　　　　　）。

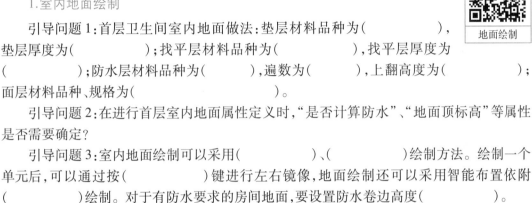

地面绘制

引导问题 2：在进行首层室内地面属性定义时，"是否计算防水"、"地面顶标高"等属性是否需要确定？

引导问题 3：室内地面绘制可以采用（　　　　　　）、（　　　　　　）绘制方法。绘制一个单元后，可以通过按（　　　　　　）键进行左右镜像，地面绘制还可以采用智能布置依附（　　　　　　）绘制。对于有防水要求的房间地面，要设置防水卷边高度（　　　　　　）。

引导问题 4：有防水要求的房间当每边防水卷边高度不一样时，可以通过（　　　　　　）地面，分别修改各边防水卷边高度，如图 7-2 所示。

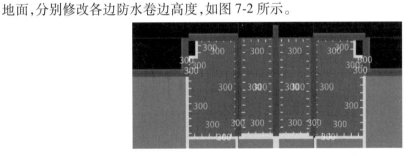

图 7-2 室内地面查改防水卷边高度

2.室内墙面绘制

引导问题 5：首层卫生间室内墙面做法：找平层材料品种为（　　　　　　），找平层厚度为（　　　　　　），找平层抹灰高度为（　　　　　　）；面层的材料品种、规格为（　　　　　　），面层铺贴高度为（　　　　　　）。

墙面绘制

引导问题 6：在进行墙面属性定义时，要确定底标高为（　　　　　　），顶标高为（　　　　　　）。

引导问题 7：室内墙面绘制可以采用（　　　　　　）、（　　　　　　）绘制方法。同一墙体墙面分别属于不同房间，可以采用（　　　　　　）分别绘制。

3.室内吊顶的绘制

引导问题 8：首层卫生间室内吊顶是（　　　　　　）天棚，龙骨材料品种、规格、间距为（　　　　　　），面层材料品种、规格厚度为（　　　　　　）。吊顶有收边条吗？

吊顶绘制

引导问题 9：在进行墙面属性定义时，吊顶天棚离地高度为（　　　　　　）。

引导问题 10：室内吊顶天棚绘制一般采用（　　　　　　）、（　　　　　　）绘制方法。

4.房间绘制

引导问题11：新建房间的地面、墙面、吊顶天棚可以通过（　　　　　）选择对应地面、墙面、吊顶天棚的构造做法；也可以通过（　　　　　）或者（　　　　　）确定房间的地面、墙面、吊顶天棚的构造做法。

引导问题12：房间绘制可以采用（　　　　　　　）绘制方法。

引导问题13：设置防水卷边的房间绘制完毕后，选中地面图元，设置防水卷边高度，设置完毕，该地面沿墙边显示（　　　　　）。

（二）室内装修工程的手工对量与做法套用

1.手工算量

1）地面工程

引导问题1：依据现行清单工程量计算规范，地面工程中垫层工程量应按（　　　　　）以（　　　　　）计算，找平层工程量按（　　　　　）以（　　　　　）计算。防水层工程量按（　　　　　）以（　　　　　）计算，增加（　　　　　）。块料面层按（　　　　　）以（　　　　　）计算。

【小提示】　　　　**室内地面清单工程量计算规则（表 7-1）**

表 7-1　室内地面清单工程量计算规则

项目编码	项目名称	项目特征	计量单位	工程量计算规则	工作内容
010501001	垫层	1.混凝土种类 2.混凝土强度等级	m³	按设计图示尺寸以体积计算。不扣除伸入承台基础的桩头所占体积	1.模板及支撑制作、安装、拆除、堆放、运输及清理模内杂物、刷隔离剂等 2.混凝土制作、运输、浇筑、振捣、养护
011101006	平面砂浆找平层	找平层厚度、砂浆配合比	m²	按设计图示尺寸以面积计算	1.基层清理 2.抹找平层 3.材料运输

【小提示】　　　　**室内地面防水清单工程量计算规则（表 7-2）**

表 7-2　室内地面防水清单工程量计算规则

项目编码	项目名称	项目特征	计量单位	工程量计算规则	工作内容
010904002	楼(地)面涂膜防水	1.防水膜品种 2.涂膜厚度、遍数 3.增强材料种类 4.反边高度	m²	按设计图示尺寸以面积计算 1.楼(地)面防水：按主墙间净空面积计算，扣除凸出地面的构筑物、设备基础等所占面积，不扣除间壁墙及单个面积≤0.3 m² 柱、垛、烟囱和孔洞所占面积 2.楼(地)面防水反边高度≤300 mm 按地面防水计算，反边高度>300 mm 按墙面防水计算	1.基层处理 2.刷基层处理剂 3.铺布、喷涂防水层

【小提示】 室内块料楼地面清单工程量计算规则（表7-3）

表7-3 室内块料楼地面清单工程量计算规则

项目编码	项目名称	项目特征	计量单位	工程量计算规则	工作内容
011102003	块料楼地面	1.找平层厚度、砂浆配合比 2.结合层厚度、砂浆配合比 3.面层材料品种、规格、颜色 4.嵌缝材料种类 5.防护层材料种类 6.酸洗、打蜡要求	m²	按设计图示尺寸以面积计算。门洞、空圈、暖气包槽、壁龛的开口部分并入相应的工程量内	1.基层清理 2.抹找平层 3.面层铺设、磨边 4.嵌缝 5.刷防护材料 6.酸洗、打蜡 7.材料运输

引导问题2：根据以上清单工程量计算规则，分析以上工程量之间的相互关系。

引导问题3：依据现行定额，以上分项工程的定额工程量与清单工程量是否一致？

引导问题4：计算室内垫层、找平层、防水层、面层的工程量。

清单工程量：_____

_____

_____

定额工程量：_____

_____

_____

2）墙面工程

引导问题5：依据现行清单工程量计算规范，墙面工程中立面砂浆找平层工程量应按（ ）以（ ）计算，块料墙面应按（ ）以（ ）计算。

【小提示】 室内墙面打底找平清单工程量计算规则（表7-4）

表7-4 室内墙面打底找平清单工程量计算规则

项目编码	项目名称	项目特征	计量单位	工程量计算规则	工作内容
011201004	立面砂浆找平层	1.基层类型 2.找平层砂浆厚度、配合比	m²	按设计图示尺寸以面积计算。扣除墙裙、门窗洞口及单个>0.3 m²的孔洞面积，不扣除踢脚线、挂镜线和墙与构件交接处的面积，门窗洞口和孔洞的侧壁及顶面不增加面积。附墙柱、梁、垛、烟囱侧壁并入相应的墙面面积内	1.基层清理 2.砂浆制作、运输 3.抹灰找平

注：立面砂浆找平层项目能够与仅做找平层的立面抹灰。

【小提示】 室内块料墙面清单工程量计算规则（表7-5）

表7-5 室内块料墙面清单工程量计算规则

项目编码	项目名称	项目特征	计量单位	工程量计算规则	工作内容
011204003	块料墙面	1.墙体类型 2.安装方式 3.面层材料品种、规格、颜色 4.缝宽、嵌缝材料种类 5.防护材料种类 6.磨光、酸洗、打蜡要求	m²	按镶贴表面积计算	1.基层清理 2.砂浆制作、运输 3.黏结层铺贴 4.面层安装 5.嵌缝 6.刷防护材料 7.磨光、酸洗、打蜡

引导问题6：根据以上清单工程量计算规则，分析以上工程量之间的相互关系。

引导问题7：依据现行定额，该室内墙面的立面砂浆找平层的定额工程量与清单工程量是否一致？区别在哪里？

引导问题8：计算室内墙面立面砂浆找平层、块料墙面的工程量。

清单工程量：＿＿＿＿＿＿＿＿＿＿＿＿＿＿＿＿＿＿＿＿＿

＿＿＿＿＿＿＿＿＿＿＿＿＿＿＿＿＿＿＿＿＿＿＿＿＿＿＿

＿＿＿＿＿＿＿＿＿＿＿＿＿＿＿＿＿＿＿＿＿＿＿＿＿＿＿

定额工程量：＿＿＿＿＿＿＿＿＿＿＿＿＿＿＿＿＿＿＿＿＿

＿＿＿＿＿＿＿＿＿＿＿＿＿＿＿＿＿＿＿＿＿＿＿＿＿＿＿

＿＿＿＿＿＿＿＿＿＿＿＿＿＿＿＿＿＿＿＿＿＿＿＿＿＿＿

3）吊顶工程

引导问题9：依据现行清单工程量计算规范，吊顶天棚工程量应按（　　　　　　　　　）以（　　　　）计算。

【小提示】 吊顶天棚清单工程量计算规则（表7-6）

表7-6 吊顶天棚清单工程量计算规则

项目编码	项目名称	项目特征	计量单位	工程量计算规则	工作内容
011302001	吊顶天棚	1.吊顶形式、吊杆规格、高度 2.龙骨材料种类、规格、中距 3.基层材料种类、规格 4.面层材料品种、规格 5.压条材料种类、规格 6.嵌缝材料种类 7.防护材料种类	m²	按设计图示尺寸以水平投影面积计算。天棚面中的灯槽及跌级、锯齿形、吊挂式、藻井式天棚面积不展开计算。不扣除间壁墙、附墙烟囱、柱、垛、检查口和管道所占面积，扣除单个>0.3 m²的孔洞、独立柱及与天棚相连的窗帘盒所占的面积	1.基层清理、吊杆安装 2.龙骨安装 3.基层板铺贴 4.面层铺贴 5.嵌缝 6.刷防护材料

引导问题 10:依据现行定额,以上分项工程的定额工程量与清单工程量是否一致?

引导问题 11:计算室内吊顶天棚的工程量。

清单工程量:_____

_____

_____

定额工程量:_____

_____

_____

2.工程量对量

引导问题 12:地面工程量计算结果差异。

_____

_____

_____

引导问题 13:地面工程量计算结果差异产生的原因是什么? 如何调整?

_____

_____

_____

引导问题 14:墙面的工程量计算结果差异。

_____

_____

_____

引导问题 15:墙面工程量计算结果差异产生的原因是什么? 如何调整?

_____

_____

_____

引导问题 16:吊顶天棚的工程量计算结果差异。

_____

_____

_____

引导问题 17:吊顶天棚工程量计算结果差异产生的原因是什么？如何调整？

_____

_____

_____

_____

3.做法套用

1）地面

引导问题 18:地面垫层应按（   ）项目进行清单列项,清单编码为（   ）,项目特征为（   ）,工程量表达式选择（   ）。套用定额项目为（   ）,工程量表达式选择（   ）。

引导问题 19:垫层上找平层应按（   ）项目进行清单列项,清单编码为（   ）,项目特征为（   ）,工程量表达式选择（   ）。套用定额项目为（   ）,工程量表达式选择（   ）。

引导问题 20:地面防水层应按（   ）项目进行清单列项,清单编码为（   ）,项目特征为（   ）,工程量表达式选择（   ）。套用定额项目为（   ）,工程量表达式选择（   ）。

引导问题 21:地面块料面层应按（   ）项目进行清单列项,清单编码为（   ）,项目特征为（   ）,工程量表达式选择（   ）。找平层套用定额项目为（   ）,工程量表达式选择（   ）;块料面层套用定额项目为（   ）,工程量表达式选择（   ）;面层勾缝套用定额项目为（   ）,工程量表达式选择（   ）。

引导问题 22:（   ）功能可以把当前构件下套用的清单、定额做法数据全部或部分复制给其他做法相同的构件。

2）墙面

引导问题 23:立面砂浆找平层应按（   ）项目进行清单列项,清单编码为（   ）,项目特征为（   ）,工程量表达式选择（   ）。套用定额项目为（   ）,工程量表达式选择（   ）。

引导问题 24:块料墙面应按（   ）项目进行清单列项,清单编码为（   ）,项目特征为（   ）,工程量表达式选择（   ）。块料墙面套用定额项目为（   ）,工程量表达式选择（   ）。墙面勾缝套用定额项目为（   ）,工程量表达式选择（   ）。

3）吊顶天棚

引导问题 25:吊顶天棚应按（   ）项目进行清单列项,清单编码为（   ）,项目特征为（   ）。天棚龙骨套用定额项目为（   ）,工程量表达式选择（   ）;龙骨面层套用定额项目为（   ）,工程量表达式选择（   ）;收边条套用定额项目为（   ）,工程量表达式选择（   ）。

(三)外墙保温与外墙装饰软件计量

1.外墙保温

引导问题1:外墙保温属于外墙(　　　　　　)保温,其构造做法为(　　　　　　　),基层处理方式为(　　　　　　),保温层材料品种为(　　　　　),保温层厚度为(　　　　　),抗裂保护层厚度为(　　　　　)。

引导问题2:在进行首层外墙保温层属性定义时,外墙保温层底标高为(　　　　　　)。

引导问题3:保温层绘制可以采用(　　　　　　)、(　　　　　　)绘制方法。智能布置时选择(　　　　　　)。

2.外墙装饰的绘制

引导问题4:外墙装饰的面层材料品种为(　　　　　　　　　)。

引导问题5:在进行首层外墙装饰属性定义时,外墙装饰起点底标高为(　　　　　)。

引导问题6:外墙面装饰绘制可以采用(　　　　　)、(　　　　　)绘制方法。智能布置时选择(　　　　　)。

(四)外墙保温及外墙装饰的手工对量与做法套用

1.手工算量

1)外墙保温层

引导问题1:依据现行清单工程量计算规范,外墙面保温工程量应按(　　　　　　)以(　　　　　)计算,扣除(　　　　　　　　),增加(　　　　　　　　)。

【小提示】　　　保温隔热墙面清单工程量计算规则(表7-7)

表7-7　保温隔热墙面清单工程量计算规则

项目编码	项目名称	项目特征	计量单位	工程量计算规则	工作内容
011001003	保温隔热墙面	1.保温隔热部位 2.保温隔热方式 3.踢脚线、勒脚线保温做法 4.龙骨材料品种、规格 5.保温隔热面层材料品种、规格、性能 6.保温隔热材料品种、规格及厚度 7.增强网及抗裂防水砂浆种类 8.黏结材料种类及做法 9.防护材料种类及做法	m^2	按设计图示尺寸以面积计算。扣除门窗洞口以及面积>0.3 m^2梁、孔洞所占面积;门窗洞口侧壁以及与墙相连的柱,并入保温墙体工程量内	1.基层清理 2.刷界面剂 3.安装龙骨 4.填贴保温材料 5.保温板安装 6.粘贴面层 7.铺设增强格网,抹抗裂、防水砂浆面层 8.嵌缝 9.铺、刷(喷)防护材料

引导问题2:依据现行定额,保温隔热墙面分项工程的定额工程量与清单工程量是否一致?

引导问题3:门窗洞口侧壁保温层面积如何计算?

引导问题4:计算保温隔热墙面的工程量。

清单工程量：_____

_____

_____

_____

定额工程量：_____

_____

_____

2）外墙面装饰

引导问题5：依据现行清单工程量计算规范，外墙面喷刷涂料工程量应按（　　　　）以（　　　）计算，扣除（　　　　　　　），增加（　　　　　　　）。

【小提示】　　　　　墙面喷刷涂料清单工程量计算规则（表7-8）

表7-8　墙面喷刷涂料清单工程量计算规则

项目编码	项目名称	项目特征	计量单位	工程量计算规则	工作内容
011407001	墙面喷刷涂料	1.基层类型 2.喷刷涂料部位 3.腻子种类 4.刮腻子要求 5.涂料品种、喷刷遍数	m²	按设计图示尺寸以面积计算	1.基层清理 2.刮腻子 3.刷、喷涂料

引导问题6：根据以上清单工程量计算规则，分析外墙保温工程量和外墙面喷刷涂料工程量之间的相互关系。

引导问题7：依据现行定额，该外墙面喷刷涂料分项工程的定额工程量与清单工程量是否一致？

引导问题8：计算外墙面喷刷涂料工程量。

清单工程量：_____

_____

_____

_____

定额工程量：_____

_____

_____

2.工程量对量

引导问题9：外墙保温层工程量计算结果是否有差异？如果有差异，应如何调整？

_____

_____

_____

_____

引导问题 10:外墙面喷刷涂料工程量计算结果是否有差异? 如果有差异,应如何调整?

_____

_____

_____

_____

3.做法套用

引导问题 11:外墙保温层应按(　　　　　)项目进行清单列项,清单编码为(　　　　　),项目特征为(　　　　　),工程量表达式选择(　　　　　),该工程量表达式(　　　　　)包含门窗洞口侧壁保温层面积;聚苯颗粒保温砂浆套用定额项目为(　　　　　),工程量表达式选择(　　　　　);抗裂保护层套用定额项目(　　　　　),工程量表达式选择(　　　　　)。

引导问题 12:外墙装饰应按(　　　　　)项目进行清单列项,清单编码为(　　　　　),项目特征为(　　　　　),工程量表达式选择(　　　　　);套用定额项目为(　　　　　),工程量表达式选择(　　　　　)。

六、拓展问题

(1)室内装修的绘制方法有哪几种?

(2)楼地面构件属性中"顶标高"是什么意思?

(3)墙面构件属性中"起(终)点底标高"与楼地面构件属性中"顶标高"是否为同一高度? 有什么作用? 门的离地高度对工程量有影响吗?

(4)墙面构件属性中"起(终)点顶标高"是如何确定的?

(5)门窗的离地高度对地面工程量、墙面工程量有影响吗?

(6)门的构件属性列表中框厚、立樘距离对 DMJ(地面积)、KLDMJ(块料地面积)的工程量有影响吗? 依据门设计开启方向,应如何设置"立樘距离"?

(7)地面垫层是否需要单独列清单?

(8)地面垫层的定额工程量如何计算? 其计算方法与垫层厚度是否有关?

(9)非封闭区域的地面,如阳台,一般如何绘制?

(10)首层外墙保温层及装饰的构件属性中"底标高"是什么意思? 与"墙底标高"是否一致?

七、相关知识点

(一)构件属性定义与绘制

(1)在前期建模绘制墙体时,要注意绘制方向,尽量按从下至上、从左至右的顺序;后期绘制门窗时,要确定立樘距离的正负,如有方向不一致的可以在工具栏先"显示方向",再"调整方向"。

（2）新建装饰工程的地面、墙面、吊顶天棚时,需要确认与之相关联构件是否绘制完毕、房间的墙体是否在柱内闭合,主要检查墙体、门窗、板等构件的绘制是否完整,要注意构件之间的相互影响。

（3）新建构件楼地面,在属性列表中进行室内地面的属性定义,主要包括地面的名称、是否计算防水、顶标高等信息。

（4）新建构件墙面,在属性列表中进行室内墙面的属性定义,主要包括墙面的底标高、顶标高等信息,如图 7-3 所示。

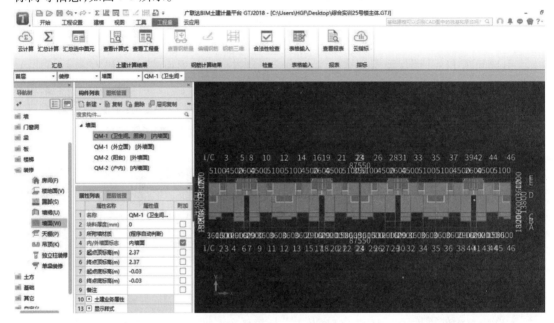

图 7-3　室内墙面属性定义

（5）新建构件吊顶天棚,在属性列表中进行室内吊顶天棚的属性定义,主要包括吊顶天棚的离地高度信息。

（6）新建构件房间,在属性列表中进行房间的属性定义,主要包括底标高。定义房间做法可以通过添加依附构件,选择对应的楼地面、墙面、吊顶天棚。

（7）在绘图界面,利用"点"画功能,可以将地面、吊顶天棚绘制在相应房间;利用"直线"绘制功能,可以将墙面绘制在相应墙面。

（8）房间为多个矩形组合的地面,为方便核对工程量,可以绘制虚墙,将房间进行分块,核对完工程量之后再进行合并。

（9）新建保温层时,在属性列表中进行保温层的属性定义,主要包括保温层厚度、底标高等信息。

（10）新建构件外墙面,在属性列表中进行外墙面的属性定义,主要包括墙面的底标高、顶标高等信息。

（11）在绘图界面,利用"点"画功能,可以将保温层、外墙面绘制在相应的外墙外边线,也可以利用"智能布置"功能绘制构件工程。

(12)绘制外墙保温层及外墙面装饰时,如果依附的墙体一部分在室内,一部分在室外,保温层和外墙面也会随之伸入室内,此时可以用"打断"功能将外墙保温层和装饰层打断。

(13)绘制外墙装饰层之前,要先将保温层绘制完毕,否则外墙装饰层工程量会计算不准确。

(二)首层室内装修计量与对量

1.楼地面工程量

1)地面垫层

(1)依据现行清单工程量计算规范,首层室内地面垫层清单工程量按设计图示尺寸以体积计算。

$$V = S \times H \times N \tag{7-1}$$

式中　S——室内主墙间净面积;

$\qquad H$——垫层厚度;

$\qquad N$——房间数量。

(2)依据现行定额工程量计算规则,首层室内地面垫层厚>60 mm,定额工程量按设计图示尺寸以体积计算,计算方法同清单工程量。

2)平面砂浆找平层

(1)依据现行清单工程量计算规范,首层室内地面找平层清单工程量按设计图示尺寸以主墙间净面积计算,门洞开口处不增加。

$$S = A \times B \times N \tag{7-2}$$

式中　A——室内净长;

$\qquad B$——室内净宽;

$\qquad N$——房间数量。

(2)依据现行定额工程量计算规则,首层室内地面找平层定额工程量按设计图示尺寸以主墙间净面积计算,门洞开口处不增加。其计算方法同清单工程量。

3)楼地面防水

(1)依据现行清单工程量计算规范,首层室内地面防水清单工程量按设计图示尺寸以面积计算,平面部分按主墙间净面积计算,防水翻边高度≤300 mm 时,算作地面防水。

$$S = S_{平} + S_{上翻} \tag{7-3}$$

$$S_{平} = A \times B \times N \tag{7-4}$$

$$S_{上翻} = \left[(A+B) \times 2 - M \right] \times H \times N \tag{7-5}$$

式中　A——室内净长;

$\qquad B$——室内净宽;

$\qquad M$——门洞口宽度;

$\qquad H$——防水上翻高度;

$\qquad N$——房间数量。

(2)依据现行定额工程量计算规则,首层室内地面防水定额工程量按设计图示尺寸以面积计算,平面部分按主墙间净面积计算,防水翻边高度≤300 mm 时,算作地面防水。其计算方法同清单工程量。

（3）软件计量设置。查看地面防水工程量计算式，计算式显示门洞口水平开口面积并入平面防水面积内，此处与现行的清单工程量计算规范和当时当地的定额工程量计算规则不一致，处理方法：在"工程设置"→"计算规则"中修改楼地面计算规则（清单、定额）水平防水面积计算方法，第50项"加门洞口水平开口面积"选择"0无影响"，如图7-4所示。

图 7-4　工程量计算规则设置

4）块料楼地面

（1）依据现行清单工程量计算规范，首层室内块料楼地面清单工程量按设计图示尺寸以主墙间净面积计算，门洞开口处要并入相应工程量，并入时要视门的开启方向和面层材质而定。本工程室内门内开，门洞开口处并入室内以外的相应地面，如果门洞开口处单独使用过门石，则须单独列清单。

$$S = A \times B \times N \tag{7-6}$$

式中　A——室内净长；

　　　B——室内净宽；

　　　N——房间数量。

（2）依据现行定额工程量计算规则，首层室内地面找平层定额工程量按实铺面积计算，计算方法同清单工程量。

（3）软件计量设置。查看块料楼地面工程量计算式，计算式显示门洞开口面积并入块料楼地面面积内，图纸显示此处 M2 内开，门洞开口处要并入室内地面以外的相应地面。软件计量处理方法是修改软件计量设置，具体方法：批量选择 M2 构件，修改属性中"框厚（mm）"为"0"，"立樘距离（mm）"为"-50"，门洞开口处就不再计入室内块料楼地面工程量内，如图7-5所示。

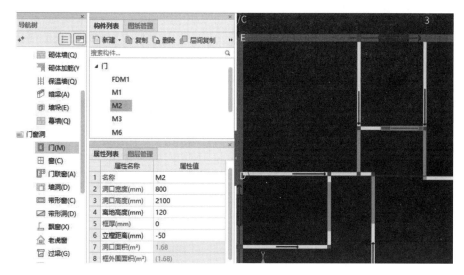

图7-5　门窗属性设置

2.墙面工程量

1)立面砂浆找平层

(1)依据现行清单工程量计算规范,首层室内墙面立面砂浆找平层清单工程量按室内净周长乘以高度以墙面面积计算,扣除门窗洞口面积,门窗洞口侧壁不增加,墙面高度:有吊顶天棚的,高度算至天棚底。扣除窗洞口面积时,要考虑窗顶高度是否超过抹灰高度。

$$S=\left[(A+B)\times2\times H-S_{门}-S_{窗}\right]\times N \tag{7-7}$$

式中　A——室内净长;

　　　B——室内净宽;

　　　H——墙面高度;

　　　$S_{门}$——门洞口面积;

　　　$S_{窗}$——窗洞口面积;

　　　N——房间数量。

(2)依据现行定额工程量计算规则,首层室内墙面立面砂浆找平层定额工程量按室内净周长乘以高度以墙面面积计算,扣除门窗洞口面积,门窗洞口侧壁不增加,墙面高度:有吊顶天棚的,高度算至天棚底另加100 mm。扣除窗洞口面积时,要考虑窗顶高度是否超过抹灰高度。

$$S=\left[(A+B)\times2\times(H+0.1)-S_{门}-S_{窗}\right]\times N \tag{7-8}$$

式中　A——室内净长;

　　　B——室内净宽;

　　　H——墙面高度;

　　　$S_{门}$——门洞口面积;

　　　$S_{窗}$——窗洞口面积;

　　　N——房间数量。

(3)软件计量设置。查看墙面抹灰面积工程量计算式,计算式显示墙面抹灰高度清单与定额都是吊顶高度另加100 mm(即2.5 m),而现行清单工程量计算规范抹灰高度算至吊顶高度（即 2.4 m），定额规定的抹灰高度为吊顶上方另加 100 mm（即 2.5 m）。此处清单工程量计算需要修改，处理方法：在"工程设置"→"计算设置"中修改墙面装修清单计算规则第 2 项"内墙面装修抹灰顶标高计算方法"，选择"0 有吊顶时采用吊顶高度，否则采用板底高度"，如图 7-6 所示。

图 7-6　墙面装饰计算设置

2）块料墙面

（1）依据现行清单工程量计算规范，首层室内块料墙面清单工程量按镶贴表面积计算，即实铺面积，扣除门窗洞口面积，门窗洞口侧壁要增加，墙面高度：有吊顶天棚的，高度算至天棚底。本工程室内门内开，门洞口侧壁并入室内以外的相应墙面，如门洞口包门套则不并入。扣除窗洞口面积、增加窗洞口侧壁时，要考虑窗顶高度是否超过抹灰高度。

$$S=\left[(A+B)\times 2\times H-S_{门}-S_{窗}+S_{窗侧壁}\right]\times N \tag{7-9}$$

式中　A——室内净长；

　　　B——室内净宽；

　　　H——墙面高度；

　　　$S_{门}$——门洞口面积；

　　　$S_{窗}$——窗洞口面积；

　　　$S_{窗侧壁}$——洞口周长×侧壁宽度；

　　　N——房间数量。

侧壁宽度的计算：图纸有标注按标注尺寸计算；图纸无标注时，按"1/2（墙体厚度−窗框宽）"计算。

（2）依据现行定额工程量计算规则，首层室内块料墙面定额工程量按室内净周长乘以高度以墙面面积计算，扣除门窗洞口面积，门窗洞口侧壁要增加，墙面高度：有吊顶天棚的，高度算至天棚底。扣除窗洞口面积、增加窗洞口侧壁时，要考虑窗顶高度是否超过抹灰高度。其计算方法同清单工程量。

3.吊顶天棚工程量

1）清单工程量

依据现行清单工程量计算规范，首层室内吊顶天棚清单工程量按设计图示尺寸以水平投影面积计算，跌级、灯槽不展开。

$$S=A\times B\times N \tag{7-10}$$

式中　A——室内净长；

B——室内净宽；

N——房间数量。

2）定额工程量

（1）依据现行定额工程量计算规则，首层室内吊顶天棚龙骨定额工程量按设计图示尺寸以水平投影面积计算，跌级、灯槽不展开。其计算方法同清单工程量。

（2）依据现行定额工程量计算规则，首层室内吊顶天棚面层定额工程量按设计图示尺寸以展开面积计算。本实训项目工程室内吊顶天棚为平面天棚，其展开面积与投影面积一致，因此面层工程量计算方法同清单工程量。

（3）依据现行定额工程量计算规则，首层室内吊顶天棚收边条定额工程量按设计图示尺寸室内净周长计算。

$$S = (A+B) \times 2 \times N \tag{7-11}$$

式中　A——室内净长；

B——室内净宽；

N——房间数量。

4.保温层工程量

1）清单工程量

依据现行清单工程量计算规范，保温隔热墙面清单工程量按设计图示尺寸以面积计算。扣除门窗洞口以及面积>0.3 m^2梁、孔洞所占面积；门窗洞口侧壁需做保温时，并入保温墙体工程量内。门洞口侧壁是否需要做保温，要视门的开启方向和门框立樘距离而定，门外开、门框立樘位于外墙外边线，门侧壁不需要做外墙保温层；门内开、门框立樘位于外墙内边线，门侧壁需要做外墙保温层。

$$M = L \times H - S_{门} - S_{窗} + S_{窗侧壁} + S_{门侧壁} \tag{7-12}$$

式中　L——外墙隔热层中心线长度；

H——外墙面高度；

$S_{门}$——门洞口面积；

$S_{窗}$——窗洞口面积；

$S_{窗侧壁}$——窗洞口周长×侧壁宽度；

$S_{门侧壁}$——门洞口三边长度×侧壁宽度。

窗洞口侧壁宽度的计算：图纸有标注按标注尺寸计算；图纸无标注时，按"1/2（墙体厚度−窗框宽）+外墙保温层厚度"计算（一般情况，窗户居中立樘）。

2）定额工程量

依据现行定额工程量计算规则，保温隔热墙面定额工程量按设计图示尺寸以面积计算。扣除门窗洞口以及面积>0.3 m^2梁、孔洞所占面积；门窗洞口侧壁需做保温时，并入保温墙体工程量内。其计算方法同清单工程量。

5.外墙面喷刷涂料

1）清单工程量

依据现行清单工程量计算规范，外墙面喷刷普通的水泥浆、大白浆等按抹灰面积计算，门窗洞口侧壁不增加；喷刷多彩涂料、真石漆等按图示尺寸以面积计算，可以理解为按墙面块料面积计算，即实铺面积、镶贴表面积，门窗洞口侧壁要增加。此处要区分外墙外边线长度、隔热层中心线长度、隔热层外边线长度3个不同的概念。门窗洞口侧壁的保温层计算参考保温隔热层计算方法。

$$M = L \times H - S_{门} - S_{窗} + S_{窗侧壁} + S_{门侧壁} \tag{7-13}$$

式中　L——外墙隔热层外边线长度；

　　　H——外墙面高度；

　　　$S_{门}$——门洞口面积；

　　　$S_{窗}$——窗洞口面积；

　　　$S_{窗侧壁}$——窗洞口周长×侧壁宽度；　　　　　　　　　　　　　　　　　（7-14）

　　　$S_{门侧壁}$——门洞口三边长度×侧壁宽度。　　　　　　　　　　　　　　　（7-15）

2）定额工程量

依据现行定额工程量计算规则，外墙面喷刷多彩涂料、真石漆等按图示尺寸以面积计算，可以理解为按墙面块料面积计算，即实铺面积、镶贴表面积，门窗洞口侧壁要增加。其计算方法同清单工程量。

3）软件计量设置

查看墙面喷刷涂料工程量计算式，计算式显示墙面长度清单与定额都不含保温层厚度，依据现行清单工程量计算规范和当时当地的定额工程量计算规则，外墙多彩涂料按块料面积计算，块料面积按镶贴表面积计算，因此要考虑保温层厚度。处理方法：在"工程设置"→"计算设置"中修改墙面装修（清单、定额）计算规则第12项"外墙面装修块料面积与保温层计算方法"，选择"1 考虑保温层厚度"，如图7-7所示。

图7-7　工程量计算设置

（三）首层装饰装修的做法套用

（1）在"定义"→"构件做法"中，通过查询清单库、查询定额库、添加清单、添加定额等进行地面、室内墙面及吊顶天棚的清单和定额项目的做法套用。

（2）在"工程量表达式"中选择"DMJ〈体积〉＊0.2"，完成地面垫层的提量；选择"SPFSMJ〈水平防水面积〉"，完成楼地面防水的提量；选择"KLDMJ〈块料地面积〉"，完成地面块料面层的提量。

（3）在"工程量表达式"中选择"QMMHMJZ〈墙面抹灰面积（不分材质）〉"，完成墙面抹灰及抹灰面油漆的提量。

（4）在"工程量表达式"中选择"DDMJ〈吊顶面积〉"，完成吊顶装饰的提量。

（5）在"工程量表达式"中选择"MJ〈面积〉"，完成墙面保温的提量，如图7-8所示。

地面的提量

墙面与吊顶的提量

室内装修总结

图 7-8　外墙保温层做法

八、评价反馈（表7-9）

表7-9 首层装饰装修计量学习情境评价表

序号	评价项目	评价标准	满分	评价			综合得分
				自评	互评	师评	
1	装饰装修的软件计量	地面的属性定义、绘制操作正确； 墙面的属性定义、绘制操作正确； 吊顶天棚的属性定义、绘制操作正确； 房间的属性定义、绘制操作正确； 外墙保温及外墙装饰的属性定义、绘制操作正确	30				
2	装饰装修的手工计量	能正确理解与运用室内楼地面工程量计算规则； 楼地面工程量计算正确	5				
		能正确理解与运用室内墙面工程量计算规则； 墙面工程量计算正确	5				
		能正确理解与运用室内吊顶天棚工程量计算规则； 吊顶天棚工程量计算正确	5				
		能正确理解与运用外墙保温工程量计算规则； 外墙保温工程量计算正确	10				
3	装饰装修的做法套用	楼地面的清单、定额列项与提量正确； 墙面的清单、定额列项与提量正确； 吊顶天棚的清单、定额列项与提量正确； 外墙保温、外墙装饰的清单、定额列项与提量正确	15				
4	装饰装修的工程量计算与查看	能根据需要计算所需工程量； 能根据需要查看所需工程量	10				
5	手工算量与软件计量结果对比	能够找出手算与软件计算结果产生差异的原因； 能修正手工算量的错误； 能调整软件计量的设置； 最终达到手算与软件计算结果一致	10				
6	工作过程	严格遵守工作纪律，按时提交工作成果； 积极参与教学活动，具备自主学习能力； 积极参与小组活动，具备倾听、协作与分享意识	10				
小　计			100				

九、实训总结

请针对实训任务的完成情况,进行相关知识点与技能点、知识难点与重点、工作流程与方法、自我感受等内容的梳理与总结。

学习情境八　首层其他构件计量

一、学习情境描述

依据《建设工程工程量清单计价规范》(GB 50500—2013)、《房屋建筑与装饰工程工程量计算规范》(GB 50854—2013)、《湖北省房屋建筑与装饰工程消耗量定额及全费用基价表》(2018 版),完成实训项目中首层飘窗压梁、台阶、台阶栏板栏杆、建筑面积的软件建模(图 8-1)及计量,并进行手工计量对量,掌握首层其他构件的工程量计算方法。

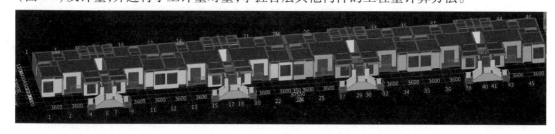

图 8-1　首层其他构件建模成果

二、学习目标

(1)能选择适当的绘制方法,完成实训项目首层飘窗压梁、台阶、台阶栏板栏杆、建筑面积的属性定义与绘制。

(2)能正确运用清单与定额工程量计算规则,进行首层飘窗压梁、台阶、台阶栏板栏杆、建筑面积的工程量计算。

(3)能完成首层飘窗压梁、台阶、台阶栏板栏杆、建筑面积的做法套用与软件提量。

三、工作任务

(1)识读相关图纸,完成首层飘窗压梁、台阶、台阶栏板栏杆、建筑面积的软件建模。

(2)利用首层飘窗压梁、台阶、台阶栏板栏杆、建筑面积的手工计量结果进行对量,再进行首层飘窗压梁、台阶、台阶栏板栏杆、建筑面积的做法套用与软件提量。

四、工作准备

(1)阅读工作任务,识读实训项目图纸,明确首层飘窗压梁、台阶、台阶栏板栏杆、建筑面积的平面位置、截面尺寸、标高、配筋情况、构造做法等内容。

(2)收集《建设工程工程量清单计价规范》(GB 50500—2013)、《房屋建筑与装饰工程工程量计算规范》(GB 50854—2013)、《湖北省房屋建筑与装饰工程消耗量定额及全费用基价表》(2018 版)中关于飘窗压梁、台阶、台阶栏板栏杆、建筑面积计量的相关知识。

（3）结合工作任务分析飘窗压梁、台阶、台阶栏板栏杆、建筑面积计量中的难点和常见问题。

五、工作实施

1.飘窗压梁计量

引导问题1：飘窗C2下压梁的截面尺寸为（　　　　　），配筋为（　　　　　），压梁顶标高为（　　　　　）。

引导问题2：飘窗压梁的建模布置方法有哪些？

引导问题3：利用异形栏板定义飘窗C2下压梁时，如何设置网格进行异形截面编辑？如何通过截面编辑布置压梁钢筋？

引导问题4：利用异形栏板定义飘窗C2下压梁时，起点顶标高为（　　　　），终点顶标高为（　　　）。采用（　　　　）方法进行压梁绘制。

引导问题5：依据现行清单工程量计算规范，飘窗压梁混凝土工程量应以（　　　）为单位，按（　　　　　　　　　　　　）计算。

引导问题6：依据现行清单工程量计算规范，飘窗压梁模板工程量应以（　　　）为单位，按（　　　　　　　　　　　　）计算。

引导问题7：依据现行定额，飘窗下压梁混凝土与模板的定额工程量和清单工程量是否一致？

引导问题8：计算飘窗下压梁的混凝土、模板及钢筋工程量。

_____

_____

_____

_____

_____

_____

引导问题9：飘窗压梁混凝土应按（　　　　　　　）项目进行清单列项，清单编码为（　　　　　　），项目特征为（　　　　　　　），套用定额项目为（　　　　　　）。

引导问题10：飘窗压梁模板应按（　　　　　　　）项目进行清单列项，清单编码为（　　　　　　），项目特征为（　　　　　　　），套用定额项目为（　　　　　　）。

2.台阶计量

引导问题11：首层何处有台阶？各台阶的构造做法是怎样的？

引导问题12：首层台阶共有（　　　）步，踏步宽为（　　　　），踏步高为（　　　　）。

引导问题13：定义台阶属性时，台阶高度为（　　　　），台阶顶标高为（　　　　）。

引导问题14：采用（　　　　）方法绘制踏步，设置踏步边时，踏步个数为（　　　　），踏步宽度为（　　　　）。

引导问题15：依据现行清单工程量计算规范，台阶混凝土工程量应以（　　　　）为单位，按（　　　　　　　　　　　　）计算。

引导问题16：依据现行清单工程量计算规范，台阶模板工程量应以（　　　　）为单位，按（　　　　　　　　　　　　　　　）计算。

引导问题17：依据现行清单工程量计算规范，砌筑台阶工程量应以（　　　　）为单位，按（　　　　　　　　　　　　　　　）计算。

【小提示】　　　　　　台阶清单工程量计算规则（表8-1）

表8-1　台阶清单工程量计算规则

项目编码	项目名称	项目特征	计量单位	工程量计算规则	工作内容
010401012	零星砌砖	1.零星砌砖名称、部位 2.砖品种、规格、强度等级 3.砂浆强度等级、配合比	1.m³ 2.m² 3.m 4.个	1.以立方米计量,按设计图示尺寸截面积乘以长度计算 2.以平方米计量,按设计图示尺寸水平投影面积计算 3.以米计量,按设计图示尺寸长度计算 4.以个计量,按设计图示数量计算	1.砂浆制作、运输 2.砌砖 3.刮缝 4.材料运输
010507004	台阶	1.踏步高、宽 2.混凝土种类 3.混凝土强度等级	1.m² 2.m³	1.以平方米计量,按设计图示尺寸水平投影面积计算 2.以立方米计量,按设计图示尺寸以体积计算	1.模板及支撑制作、安装、拆除、堆放、运输及清理模内杂物、刷隔离剂等 2.混凝土制作、运输、浇筑、振捣、养护
011702027	台阶	台阶踏步宽	m²	按图示台阶水平投影面积计算,台阶端头两侧不另计算模板面积。架空式混凝土台阶,按现浇楼梯计算	1.模板制作 2.模板安装、拆除、整理堆放及场内外运输 3.清理模板黏结物及模内杂物、刷隔离剂等

注：台阶、台阶挡墙、梯带、锅台、炉灶、蹲台、池槽、池槽腿、砖胎模、花台、花池、楼梯栏板、阳台栏板、地垄墙、≤0.3 m²的孔洞填塞等，应按零星砌砖项目编码列项。砖砌锅台与炉灶可按外形尺寸以个计算，砖砌台阶可按水平投影面积以平方米计算，小便槽、地垄墙可按长度计算，其他工程以立方米计算。

引导问题18：依据现行定额，台阶混凝土与模板的定额工程量和清单工程量是否一致？

引导问题19：依据现行定额，砌筑台阶定额工程量与清单工程量是否一致？

引导问题20：计算首层台阶的清单工程量和定额工程量。

清单工程量：_____

_____

_____

_____

定额工程量：_____

_____

_____

_____

引导问题21:台阶混凝土应按(　　　　　　　　　　　　)项目进行清单列项,清单编码为
(　　　　　　　　),项目特征为(　　　　　　　　　　),套用定额项目为(　　　　　　　　)。
台阶模板应按(　　　　　　　)项目进行清单列项,清单编码为(　　　　　　　　),项目
特征为(　　　　　　　　　　),套用定额项目为(　　　　　　　　)。

引导问题22:砌筑台阶应按(　　　　　　　　　　　　)项目进行清单列项,清单编码
为(　　　　　　),项目特征为(　　　　　　　　　),套用定额项目为(　　　　　　　)。

3.台阶栏板栏杆计量

引导问题23:首层台阶栏板栏杆材质为(　　　　　　　　　　　),高度为(　　　　)。

引导问题24:首层台阶栏板栏杆按(　　　　)构件建模绘制。定义其属性时,其起点
底标高和终点底标高为(　　　　　)。

引导问题25:台阶栏板栏杆可用(　　　　)方法绘制。

引导问题26:依据现行清单工程量计算规范,台阶栏板栏杆工程量应以(　　　)为单位,
按(　　　　　　　　　　　　　　　　　　　　)计算。

【小提示】　　　　扶手、栏杆、栏板清单工程量计算规则(表8-2)

表8-2　扶手、栏杆、栏板清单工程量计算规则

项目编码	项目名称	项目特征	计量单位	工程量计算规则	工作内容
011503001	金属扶手、栏杆、栏板	1.扶手材料种类、规格 2.栏杆材料种类、规格 3.栏板材料种类、规格、颜色 4.固定配件种类 5.防护材料种类	m	按设计图示以扶手中心线长度(包括弯头长度)计算	1.制作 2.运输 3.安装 4.刷防护材料
011503002	硬木扶手、栏杆、栏板				
011503003	塑料扶手、栏杆、栏板				
011503004	GRC栏杆、扶手	1.栏杆的规格 2.安装间距 3.扶手类型规格 4.填充材料种类			
011503005	金属靠墙扶手	1.扶手材料种类、规格 2.固定配件种类 3.防护材料种类			
011503006	硬木靠墙扶手				
011503007	塑料靠墙扶手				
011503008	玻璃栏板	1.栏杆玻璃的种类、规格、颜色 2.固定方式 3.固定配件种类			

引导问题 27：依据现行定额，台阶栏板栏杆的定额工程量与清单工程量是否一致？

引导问题 28：计算台阶栏板栏杆的清单工程量和定额工程量。

清单工程量：_____

_____

_____

定额工程量：_____

_____

_____

引导问题 29：台阶栏杆应按（_____）项目进行清单列项，清单编码为（_____），项目特征为（_____），套用定额项目为（_____）。

引导问题 30：台阶栏板应按（_____）项目进行清单列项，清单编码为（_____），项目特征为（_____），套用定额项目为（_____）。

4.建筑面积计量

引导问题 31：下列首层构件中，（_____）应计算建筑面积。

A.台阶　　B.飘窗　　C.阳台　　　D.门厅外 TB1　　　E.变形缝　　　F.保温层

引导问题 32：建筑面积的建模布置方法有哪些？

引导问题 33：依据现行清单工程量计算规范，（_____）项目是按建筑面积计算工程量的。

引导问题 34：依据现行定额，（_____）项目是按建筑面积计算工程量的。

引导问题 35：计算首层建筑面积。

_____

_____

_____

_____

_____

_____

_____

六、拓展问题

（1）建模时，新建栏板和新建栏杆扶手有何区别？

（2）门厅外 TB1 是楼梯还是台阶？该构件应如何建模？其工程量应如何计算？

（3）建筑面积不能点画布置的原因是什么？

七、相关知识点

（一）其他构件的建模绘制

1.飘窗压梁

在软件中没有飘窗压梁构件，可利用圈梁、挑檐、栏板等构件代替。下面介绍利用栏板构件绘制的方法，如图8-2所示。

（1）在导航树中选择"其他"→"栏板"，在构件列表中单击"新建"→"新建异形栏板"。

飘窗压梁
截面的绘制

（2）在弹出的"异形截面编辑器"窗口中，单击"设置网格"。依据构件截面尺寸，在"定义网格"窗口设置水平方向间距和垂直方向间距，然后单击"确定"按钮确认。

（3）在"异形截面编辑器"窗口中，选择左侧的"直线"等功能，在网格中依据栏板截面尺寸，依次单击鼠标左键绘制出栏板截面形状，单击鼠标右键结束绘制，然后单击"确定"按钮确认。

（4）在属性列表中确定栏板名称、栏板起点底标高和终点底标高。

（5）单击属性列表下方的"截面编辑"进行钢筋布置。选择"纵筋"，软件提供点、直线、三点画弧、三点画圆4种布置方式。以直线绘制时，如果"起点"和"终点"无须布置钢筋，可将"起点"和"终点"的"√"去掉再进行绘制。绘制横筋同样有直线、矩形、三点画弧、三点画圆4种布置方式。绘制完成后，若与节点大样图不符合，可通过"编辑弯钩"、"编辑端头"功能进行调整。通过"设置标高"功能，可以根据图纸标注在软件中设置标高，不需要手动计算构件顶标高。

飘窗压梁
钢筋的绘制

（6）图元绘制可选择直线、矩形、三点画弧等布置方法完成。

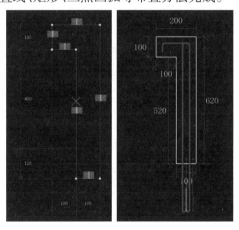

图8-2　压梁的截面编辑与钢筋布置

2.台阶

（1）在导航栏树中选择"其他"→"台阶"，在构件列表中单击"新建"→"新建台阶"。

台阶的绘制

（2）在属性列表中确定台阶名称、台阶高度、材质和顶标高等内容。

（3）在绘图界面，通过"点"、"直线"、"矩形"等功能绘制台阶。

（4）在"台阶二次编辑"分组中单击"设置踏步边"；然后单击需要设置踏步的图元边，边线呈现绿色；单击鼠标右键确认后弹出"设置踏步边"窗口，输入踏步个数及踏步宽度后，单击"确定"按钮即设置成功，如图 8-3 所示。

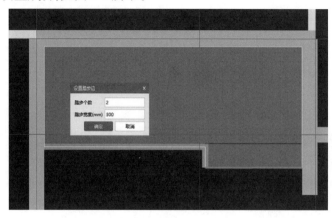

图 8-3　首层台阶的绘制

3.栏杆

（1）在导航树中选择"其他"→"栏杆扶手"，在构件列表中单击"新建"→"新建栏杆扶手"。

（2）在属性列表中确定名称、材质、高度、起点底标高和终点底标高等内容，如图 8-4 所示。

（3）在绘图界面，通过"直线"、"矩形"等功能绘制台阶，也可以通过"智能布置"功能进行绘制。

图 8-4　台阶栏杆属性定义

栏杆的绘制

4.建筑面积

（1）在导航树中选择"其他"→"建筑面积"，在构件列表中单击"新建"→"新建建筑面积"。

（2）在属性列表中确定名称、底标高和建筑面积计算方式。

（3）在绘图界面，通过"点"、"直线"等功能绘制建筑面积。

建筑面积的绘制

(二)其他构件的计量与对量

1.飘窗压梁

1)飘窗压梁混凝土工程量

飘窗压梁
工程量对量

依据圈梁混凝土工程量计算规则,按体积计算飘窗压梁混凝土的清单工程量与定额工程量。

$$V=截面积×梁长 \tag{8-1}$$

2)飘窗压梁模板工程量

依据圈梁模板工程量计算规则,按混凝土与模板接触面积计算飘窗压梁模板的清单工程量与定额工程量。

3)飘窗压梁钢筋工程量

(1)压梁纵筋:

$$L=梁内净长+端部锚固长度 \tag{8-2}$$

$$N=(压梁净高/间距+1)×纵筋排数 \tag{8-3}$$

(2)压梁外侧横筋:

$$L=梁内垂直段净长+端部锚固长度+梁内水平段净长+端部弯折长度 \tag{8-4}$$

$$N=压梁净长/间距+1 \tag{8-5}$$

(3)压梁内侧横筋1(飘窗板范围内):

$$L=梁内垂直段净长+端部锚固长度+梁内水平段净长+端部弯折长度 \tag{8-6}$$

$$N=飘窗板长/间距+1 \tag{8-7}$$

(4)压梁内侧横筋2(飘窗板范围外):

$$L=梁内垂直段净长+端部锚固长度+板内水平段净长+端部弯折长度 \tag{8-8}$$

$$N=(压梁长-飘窗板长)/间距-1 \tag{8-9}$$

2.台阶

1)台阶混凝土工程量

台阶工程量
对量

依据台阶工程量计算规则,按台阶的水平投影面积计算台阶混凝土清单工程量与定额工程量。台阶与平台连接时其投影面积应以最上层踏步外沿加300 mm计算。

2)台阶模板工程量

依据台阶模板工程量计算规则,按台阶的水平投影面积计算台阶模板清单工程量与定额工程量。台阶端头两侧不另计算模板面积。架空式混凝土台阶按现浇楼梯计算。

3)砌筑台阶工程量

依据零星砌砖工程量计算规则,砌砖台阶的清单工程量应按水平投影面积计算,其定额工程量应设计图示尺寸以体积计算。

4)台阶装饰工程量

依据台阶装饰的工程量计算规则,台阶装饰的清单工程量应按台阶(包括最上层踏步边沿加300 mm)水平投影面积计算。台阶面层和台阶找平层的定额工程量应按设计图示尺寸以台阶(包括最上层踏步边沿加300 mm)水平投影面积计算。

3.栏杆栏板

1）栏杆栏板清单工程量

栏杆栏板的清单工程量应按设计图示以扶手中心线长度（包括弯头长度）计算。

2）栏杆栏板定额工程量

栏杆栏板的清单工程量均按其中心线长度计算，不扣除弯头长度。如遇木扶手、大理石扶手为整体弯头时，扶手消耗量需扣除整体弯头的长度，设计不明确者，每只整体弯头按400mm 扣除。

4.建筑面积计算规则（节选）

建筑面积对量

（1）建筑物的建筑面积应按自然层外墙结构外围水平面积之和计算。结构层高在 2.20 m 及以上的，应计算全面积；结构层高在 2.20 m 以下的，应计算1/2 面积。

（2）窗台与室内楼地面高差在 0.45 m 以下且结构净高在 2.10 m 及以上的凸（飘）窗，应按其围护结构外围水平面积计算 1/2 面积。

（3）建筑物的室内楼梯、电梯井、提物井、管道井、通风排气竖井、烟道，应并入建筑物的自然层计算建筑面积。

（4）在主体结构内的阳台，应按其结构外围水平面积计算全面积；在主体结构外的阳台，应按其结构底板水平投影面积计算 1/2 面积。

（5）建筑物的外墙外保温层应按其保温材料的水平截面积计算，并计入自然层建筑面积。

建筑物外墙外侧有保温隔热层的，保温隔热层以保温材料的净厚度乘以外墙结构外边线长度按建筑物的自然层计算建筑面积，其外围外边线长度不扣除门窗和建筑物外已计算建筑面积构件（如阳台、室外走廊、门斗、落地橱窗等部件）所占长度。当建筑物外已计算建筑面积的构件（如阳台、室外走廊、门斗、落地橱窗等部件）有保温隔热层时，其保温隔热层也不再计算建筑面积。保温隔热层的建筑面积是以保温隔热材料的厚度计算的，不包括抹灰层、防潮层、保护层（墙）的厚度。

（三）其他构件的做法套用

1）飘窗压梁

（1）在"定义"→"构件做法"中，通过查询清单库、查询定额库、添加清单、添加定额等进行飘窗压梁的清单和定额项目做法套用，如图 8-5 所示。

	编码	类别	名称	项目特征	单位	工程量表达式	表达式说明	单价
1	⊟ 010503004	项	圈梁（阳台栏板墙根梁）		m3	TJ	TJ〈体积〉	
2	A2-19	定	现浇混凝土 圈梁		m3	TJ	TJ〈体积〉	4715.92
3	⊟ 011702008	项	圈梁（阳台栏板根墙）		m2	MBMJ	MBMJ〈模板面积〉	
4	A16-70	定	圈梁 直形 组合钢模板 3.6m以内钢支撑		m2	MBMJ	MBMJ〈模板面积〉	3769.47

图 8-5　飘窗压梁做法套用

（2）在"工程量表达式"中选择"TJ〈体积〉"，完成飘窗压梁的混凝土提量；选择"MBMJ

〈模板面积〉",完成飘窗压梁的模板提量。

2)台阶

(1)在"定义"→"构件做法"中,通过查询清单库、查询定额库、添加清单、添加定额等进行台阶混凝土、模板、砌筑台阶的清单和定额项目的做法套用,如图8-6所示。

(2)在"工程量表达式"中选择"TBZTMCMJ〈踏步整体面层面积〉",完成台阶混凝土和模板提量。

(3)在"工程量表达式"中选择"TBKLMCMJ〈踏步块料面层面积〉",完成台阶装饰层的清单提量、块料面层的定额提量;选择"PTSPTYMJ〈平台水平投影面积〉",完成台阶平台装饰的清单与定额提量。

(4)在"工程量表达式"中选择"TBZTMCMJ〈踏步整体面层面积〉",完成砌筑台阶的清单提量;选择"TJ〈体积〉",完成砌筑台阶的定额提量。

	编码	类别	名称	项目特征	单位	工程量表达式	表达式说明	单价
1	010507004	项	台阶		m2	TBZTMCMJ	TBZTMCMJ〈踏步整体面层面积〉	
2	A2-50	定	现浇混凝土 台阶		m2	TBZTMCMJ	TBZTMCMJ〈踏步整体面层面积〉	604.24
3	011702027	项	台阶		m2	TBZTMCMJ	TBZTMCMJ〈踏步整体面层面积〉	
4	A16-136	定	台阶胶合板模板木支撑		m2	TBZTMCMJ	TBZTMCMJ〈踏步整体面层面积〉	6713.18
5	011107002	项	块料台阶面(一层入户)		m2	TBKLMCMJ	TBKLMCMJ〈踏步块料面层面积〉	
6	A9-137	定	台阶装饰 陶瓷地面砖		m2	TBKLMCMJ	TBKLMCMJ〈踏步块料面层面积〉	14118.87
7	011102003	项	块料楼地面(一层入户)		m2	PTSPTYMJ	PTSPTYMJ〈平台水平投影面积〉	
8	A9-44	定	陶瓷地面砖 单块地砖0.36m2以内		m2	PTSPTYMJ	PTSPTYMJ〈平台水平投影面积〉	9548.49

图8-6　台阶做法套用

3)栏板栏杆

(1)在"定义"→"构件做法"中,通过查询清单库、查询定额库、添加清单、添加定额等进行栏板栏杆的清单和定额项目的做法套用,如图8-7所示。

(2)在"工程量表达式"中选择"CD〈长度(含弯头)〉",完成栏板栏杆的清单工程量和定额工程量提量。

	编码	类别	名称	项目特征	单位	工程量表达式	表达式说明	单价
1	011503008	项	玻璃栏板		m	CD	CD〈长度(含弯头)〉	
2	A14-115	定	全玻璃栏板 不锈钢扶手		m	CD	CD〈长度(含弯头)〉	4810.8

图8-7　栏板栏杆做法套用

4)建筑面积

(1)在"定义"→"构件做法"中,通过查询清单库、查询定额库、添加清单、添加定额等进行建筑面积的清单和定额项目做法套用,如图8-8所示。

添加清单 添加定额 删除 查询 项目特征 fx 换算 做法刷 做法查询 提取做法 当前构件自动套做法

	编码	类别	名称	项目特征	单位	工程量表达式	表达式说明	单价
1	010101001	项	平整场地		m2	MJ	MJ〈面积〉	
2	G1-319	定	机械场地平整		m2	MJ	MJ〈面积〉	133.01
3	011701001	项	综合脚手架		m2	MJ	MJ〈面积〉	
4	A17-7	定	多层建筑综合脚手架 檐高20m以内		m2	MJ	MJ〈面积〉	4702.87
5	011703001	项	垂直运输		m2	MJ	MJ〈面积〉	
6	A18-5	定	檐高20m以内 塔式起重机施工		m2	MJ	MJ〈面积〉	2079.75

图 8-8　建筑面积做法套用

（2）在“工程量表达式”中选择“MJ〈面积〉”，完成平整场地、综合脚手架与垂直运输的清单工程量和定额工程量提量。

八、评价反馈（表8-3）

表8-3 首层其他构件计量学习情境评价表

序号	评价项目	评价标准	满分	评 价			综合得分
				自评	互评	师评	
1	飘窗压梁	飘窗压梁绘制方法选择恰当； 飘窗压梁的属性定义、绘制操作正确； 能正确理解与运用飘窗压梁的混凝土、模板工程量计算规则； 飘窗压梁混凝土、模板、钢筋工程量计算正确； 飘窗压梁做法套用正确； 飘窗压梁提量正确	30				
2	台阶	台阶绘制方法选择恰当； 台阶的属性定义、绘制操作正确； 能正确理解与运用台阶混凝土、模板、砌筑台阶、台阶装饰工程量计算规则； 台阶混凝土、模板、砌筑台阶、台阶装饰工程量计算正确； 台阶做法套用正确； 台阶提量正确	20				
3	栏杆栏板	栏杆栏板绘制方法选择恰当； 栏杆栏板的属性定义、绘制操作正确； 能正确理解与运用栏杆栏板工程量计算规则； 栏杆栏板工程量计算正确； 栏杆栏板做法套用正确； 栏杆栏板提量正确	20				
4	建筑面积	建筑面积绘制方法选择恰当； 建筑面积的属性定义、绘制操作正确； 能正确理解与运用建筑面积计算规则； 建筑面积工程量计算正确； 建筑面积做法套用正确； 建筑面积提量正确	20				
5	工作过程	严格遵守工作纪律，按时提交工作成果； 积极参与教学活动，具备自主学习能力； 积极参与小组活动，具备倾听、协作与分享意识	10				
小 计			100				

九、实训总结

请针对实训任务的完成情况，进行相关知识点与技能点、知识难点与重点、工作流程与方法、自我感受等内容的梳理与总结。

一、学习情境描述

依据《建设工程工程量清单计价规范》（GB 50500—2013）、《房屋建筑与装饰工程工程量计算规范》（GB 50854—2013）、《湖北省房屋建筑与装饰工程消耗量定额及全费用基价表》（2018 版），完成实训项目二至五层、复式层、屋面层及基础层构件的软件建模（图 9-1）及计量，并进行典型构件手工计量对量，掌握其他层典型构件的工程量计算方法。

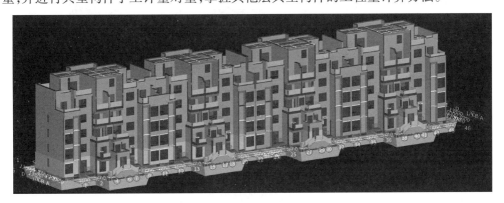

图 9-1　其他层建模成果图

二、学习目标

（1）能选择适当的绘制方法，完成实训项目其他层构件的绘制。

（2）能正确运用清单与定额工程量计算规则，完成压顶、屋面、桩承台、土方、桩基础等其他层典型构件的工程量计算。

（3）能完成压顶、屋面、桩承台、土方、桩基础等其他层典型构件的做法套用与软件提量。

三、工作任务

（1）识读相关图纸，完成二至五层、复式层、屋面层、基础层构件的软件建模。

（2）利用压顶、屋面、桩承台、土方、桩基础的手工计量结果进行对量，再进行压顶、屋面、桩承台、土方、桩基础的做法套用与软件提量。

四、工作准备

（1）阅读工作任务，识读项目图纸，明确二至五层、复式层、屋面层、基础层的构件类型、构造做法及特点。

（2）收集《建设工程工程量清单计价规范》（GB 50500—2013）、《房屋建筑与装饰工程工程量计算规范》(GB 50854—2013)、《湖北省房屋建筑与装饰工程消耗量定额及全费用基价表》(2018 版)中关于压顶、屋面、桩承台、土方、桩基础计量的相关知识。

（3）结合工作任务分析各层计量中的难点和常见问题。

五、工作实施

1.二至五层

引导问题1:下列柱构件中,第二层和第一层构件属性完全一致的是(　　　　)。

    A.KZ1　　　　B.KZ2　　　　C.KZ3　　　　D.KZ4　　　　E.KZ5　　　　F.KZ6

引导问题2:第二层飘窗的离地高度为(　　　　)。

引导问题3:第二层楼梯属于(　　　　)型楼梯,第三层楼梯属于(　　　　)型楼梯。

引导问题4:第二层构件属性与第一层完全一致的构件,可以通过(　　　　　　　　)、(　　　　　　　)方法绘制。

引导问题5:第二层构件属性与第一层不完全一致的构件,应如何绘制?

引导问题6:第二层构件属性与第一层完全不一致的构件,应如何绘制?

引导问题7:在复制柱构件图元时,软件弹出"复制图元冲突处理方式"窗口,应选择(　　　　　　)。

2.复式层、屋面层

1）压顶

引导问题8:女儿墙顶部压顶截面宽度为(　　　　),截面厚度为(　　　　)。

引导问题9:定义压顶属性时,起点顶标高和终点顶标高为(　　　　　)。

引导问题10:压顶可用(　　　　　　)方法绘制。

引导问题11:依据现行清单工程量计算规范,压顶混凝土工程量应以(　　　)为单位,按(　　　　　　　　)计算。压顶模板工程量应以(　　　)为单位,按(　　　　　　　)计算。

引导问题12:依据现行清单工程量计算规范,压顶装饰工程量应以(　　　　)为单位,按(　　　　　　　　　)计算。

【小提示】　压顶混凝土与模板清单工程量计算规则(表 9-1)

表 9-1　压顶混凝土与模板清单工程量计算规则

项目编码	项目名称	项目特征	计量单位	工程量计算规则	工作内容
010507005	扶手、压顶	1.断面尺寸 2.混凝土种类 3.混凝土强度等级	1.m 2.m³	1.以米计量,按设计图示的中心线延长米计算 2.以立方米计量,按设计图示尺寸以体积计算	1.模板及支架(撑)制作、安装、拆除、堆放、运输及清理模内杂物、刷隔离剂等 2.混凝土制作、运输、浇筑、振捣、养护

续表

项目编码	项目名称	项目特征	计量单位	工程量计算规则	工作内容
011702028	扶手	扶手断面尺寸	m²	按模板与扶手的接触面积计算	1.模板制作 2.模板安装、拆除、整理堆放及场内外运输 3.清理模板黏结物及模内杂物、刷隔离剂等
011203001	零星项目一般抹灰	1.基层类型、部位 2.底层厚度、砂浆配合比 3.面层厚度、砂浆配合比 4.装饰面材料种类 5.分格缝宽度、材料种类	m²	按设计图示尺寸以面积计算	1.基层清理 2.砂浆制作、运输 3.底层抹灰 4.抹面层 5.抹装饰面 6.勾分格缝

引导问题13：依据现行定额，压顶混凝土与模板的定额工程量和清单工程量是否一致？

引导问题14：计算压顶的混凝土、模板及装饰工程量。

_____

_____

_____

_____

_____

_____

_____

_____

_____

引导问题15：压顶混凝土应按（　　　　　　）项目进行清单列项，清单编码为（　　　　　　），项目特征为（　　　　　　），套用定额项目为（　　　　　　）。

引导问题16：压顶模板应按（　　　　　　）项目进行清单列项，清单编码为（　　　　　　），项目特征为（　　　　　　），套用定额项目为（　　　　　　）。

引导问题17：压顶装饰应按（　　　　　　）项目进行清单列项，清单编码为（　　　　　　），项目特征为（　　　　　　），套用定额项目为（　　　　　　）。

2）屋面

引导问题18：屋面一属于（　　　　）屋面，其构造做法是（　　　　　　），各构造层的用途是（　　　　　　）。

引导问题 19：定义屋面属性时，底标高为（   ）。

引导问题 20：屋面可采用（   ）方法绘制。

引导问题 21：屋面防水翻边如何布置？同一轴线上，由于女儿墙高度不同，屋面防水翻边高度不同，应如何布置？

引导问题 22：依据现行清单工程量计算规范，屋面防水工程量应以（   ）为单位，按（   ）计算。

引导问题 23：依据现行清单工程量计算规范，屋面保温工程量应以（   ）为单位，按（   ）计算。

引导问题 24：依据现行清单工程量计算规范，屋面找平层、保护层是否需要单独列项计算？如果需要计算，应如何计算其工程量？

【小提示】 **屋面防水、保温清单工程量计算规则（表 9-2）**

表 9-2　屋面防水、保温清单工程量计算规则

项目编码	项目名称	项目特征	计量单位	工程量计算规则	工作内容
010902001	屋面卷材防水	1.卷材品种、规格、厚度 2.防水层数 3.防水层做法	m²	按设计图示尺寸以面积计算 1.斜屋顶（不包括平屋顶）按斜面积计算，平屋顶按水平投影面积计算 2.不扣除房上烟囱、风帽底座、风道、屋面小气窗和斜沟所占面积 3.屋面的女儿墙、伸缩缝和天窗等处的弯起部分，并入屋面工程量内	1.基层处理 2.刷底油 3.铺油毡卷材、接缝
010902002	屋面涂膜防水	1.防水膜品种 2.涂膜厚度、遍数 3.增强材料种类			1.基层处理 2.刷基层处理剂 3.铺布、喷涂防水层
010902003	屋面刚性层	1.刚性层厚度 2.混凝土种类 3.混凝土强度等级 4.嵌缝材料种类 5.钢筋规格、型号		按设计图示尺寸以面积计算。不扣除房上烟囱、风帽底座、风道等所占面积	1.基层处理 2.混凝土制作、运输、铺筑、养护 3.钢筋制安
011001001	保温隔热屋面	1.保温隔热材料品种、规格、厚度 2.隔气层材料品种、厚度 3.黏结材料种类、做法 4.防护材料种类、做法		按设计图示尺寸以面积计算。扣除面积>0.3 m² 空洞及占位面积	1.基层清理 2.刷黏结材料 3.铺粘保温层 4.铺、刷（喷）防护材料

注：1.屋面找平层按楼地面装饰工程"平面砂浆找平层"项目编码列项。

　　2.保温隔热装饰面层按楼地面装饰工程，墙、柱面装饰与隔断、幕墙工程，天棚工程，油漆、涂料、裱糊工程，其他装饰工程中相关项目编码列项；仅做找平层按楼地面装饰工程"平面砂浆找平层"或墙、柱面装饰与隔断、幕墙工程"立面砂浆找平层"项目编码列项。

引导问题25:依据现行定额,屋面防水、屋面保温的定额工程量与清单工程量是否一致?

引导问题26:计算屋面的防水与屋面保温工程量。

_____

_____

_____

_____

_____

_____

引导问题27:屋面防水应按(　　　　　　　　　　)项目进行清单列项,清单编码为(　　　　　　),项目特征为(　　　　　　　　),套用定额项目为(　　　　　　　　)。

引导问题28:屋面保温应按(　　　　　　　　　　)项目进行清单列项,清单编码为(　　　　　　),项目特征为(　　　　　　　　),套用定额项目为(　　　　　　　　)。

引导问题29:屋面装饰应按(　　　　　　　　　　)项目进行清单列项,清单编码为(　　　　　　),项目特征为(　　　　　　　　),套用定额项目为(　　　　　　　　)。

3.基础层

1)桩承台

引导问题30:实训项目工程的桩承台类型有(　　　　　　　　　)。

引导问题31:CT2 为(　　　)类型承台,长度为(　　　　　),宽度为(　　　　　),高度为(　　　)。其配筋形式为(　　　　　),具体配筋为(　　　　　　　　　　　)。承台顶标高为(　　　　)。

引导问题32:新建桩承台包括两个步骤,即新建(　　　　　　　)和新建(　　　)。

引导问题33:定义桩承台 CT2 时,长度为(　　　　),宽度为(　　　　),高度为(　　　　),顶标高为(　　　　),底标高为(　　　　)。

引导问题34:定义桩承台单元 CT2-1 时,截面形状为(　　　　　　　　),配筋形式为(　　　　　　)。

引导问题35:进行桩承台单元参数输入时,各参数值应为:

放坡形式与角度		X 方向长	
Y 方向宽度		上部筋	
下部筋		侧面筋	
箍筋		承台高度	
拉筋		桩头伸入承台深度	

引导问题36:桩承台的绘制方法有哪些?

引导问题 37:识别桩承台的流程是(   )。

引导问题 38:依据现行清单工程量计算规范,桩承台混凝土工程量应以(   )为单位,按(   )计算。

引导问题 39:依据现行清单工程量计算规范,桩承台模板工程量应以(   )为单位,按(   )计算。

【小提示】   桩承台混凝土与模板清单工程量计算规则(表 9-3)

表 9-3 桩承台混凝土与模板清单工程量计算规则

项目编码	项目名称	项目特征	计量单位	工程量计算规则	工作内容
010501005	桩承台基础	1.混凝土种类 2.混凝土强度等级	m^3	按设计图示尺寸以体积计算。不扣除伸入承台基础的桩头所占体积	1.模板及支撑制作、安装、拆除、堆放、运输及清理模内杂物、刷隔离剂等 2.混凝土制作、运输、浇筑、振捣、养护
011702001	基础	基础类型	m^2	按模板与现浇混凝土构件的接触面积计算	1.模板制作 2.模板安装、拆除、整理堆放及场内外运输 3.清理模板黏结物及模内杂物、刷隔离剂等

引导问题 40:依据现行定额,桩承台混凝土与模板的定额工程量和清单工程量是否一致?

引导问题 41:计算桩承台的混凝土工程量与模板工程量。

_____

_____

_____

_____

_____

_____

_____

引导问题 42:桩承台混凝土应按(   )项目进行清单列项,清单编码为(   ),项目特征为(   ),套用定额项目为(   )。

引导问题 43:桩承台模板应按(   )项目进行清单列项,清单编码为(   ),项目特征为(   ),套用定额项目为(   )。

2)垫层

引导问题 44:实训项目工程的(   )和(   )下设计有混凝土垫层。

引导问题45:垫层突出基础边沿( ),厚度为( )。

引导问题46:新建垫层时,桩承台下垫层应按( )垫层新建,垫层顶标高为
( )。

引导问题47:垫层的布置方法有哪些?

引导问题48:依据现行清单工程量计算规范,垫层混凝土工程量应以( )为单
位,按( )计算。

引导问题49:依据现行清单工程量计算规范,垫层模板工程量应以( )为单位,
按( )计算。

【小提示】 垫层混凝土清单工程量计算规则(表9-4)

表9-4 垫层混凝土清单工程量计算规则

项目编码	项目名称	项目特征	计量单位	工程量计算规则	工作内容
010501001	垫层	1.混凝土种类 2.混凝土强度等级	m^3	按设计图示尺寸以体积计算。不扣除伸入承台基础的桩头所占体积	1.模板及支撑制作、安装、拆除、堆放、运输及清理模内杂物、刷隔离剂等 2.混凝土制作、运输、浇筑、振捣、养护

引导问题50:依据现行定额,桩承台混凝土与模板的定额工程量和清单工程量是否
一致?

引导问题51:计算垫层的混凝土工程量与模板工程量。

_____

_____

_____

_____

_____

_____

_____

引导问题52:垫层混凝土应按( )项目进行清单列项,清单编码为
( ),项目特征为( ),套用定额项目为( )。

引导问题53:垫层模板应按( )项目进行清单列项,清单编码为
( ),项目特征为( ),套用定额项目为( )。

3)土方

引导问题54:实训项目工程的土壤类别为( ),土方开挖方案为( )。

引导问题55:定义大开挖土方属性时,放坡系数为( ),工作面宽为( ),挖
土方式为( ),顶标高为( ),底标高为( )。

引导问题56：大开挖的绘制方法有哪些？

引导问题57：可以在（　　　　　　　　　）界面单击"生成土方"，快速完成土方生成。

引导问题58：依据现行清单工程量计算规范，土方开挖工程量应以（　　　）为单位，按（　　　　　　　　　　　　　　　　）计算。

引导问题59：依据现行清单工程量计算规范，土方基础回填土工程量应以（　　　）为单位，按（　　　　　　　　　　　　　）计算。

引导问题60：依据现行清单工程量计算规范，土方室内回填土工程量应以（　　　）为单位，按（　　　　　　　　　　　　　）计算。

【小提示】　　　　　　**土方工程清单工程量计算规则（表9-5）**

表9-5　土方工程清单工程量计算规则

项目编码	项目名称	项目特征	计量单位	工程量计算规则	工作内容
010101002	挖一般土方	1.土壤类别 2.挖土深度 3.弃土运距	m³	按设计图示尺寸以体积计算	1.排地表水 2.土方开挖 3.围护（挡土板）及拆除 4.基底钎探 5.运输
010101003	挖沟槽土方			按设计图示尺寸以基础垫层底面积乘以挖土深度计算	
010101004	挖基坑土方				
010103001	回填方	1.密实度要求 2.填方材料品种 3.填方粒径要求 4.填方来源、运距		按设计图示尺寸以体积计算 1.场地回填：回填面积乘平均回填厚度 2.室内回填：主墙间面积乘回填厚度，不扣除间隔墙 3.基础回填：按挖方清单项目工程量减去自然地坪以下埋设的基础体积（包括基础垫层及其他构筑物）	1.运输 2.回填 3.压实

引导问题61：依据现行定额，土方开挖、基础回填土、室内回填土定额工程量与清单工程量是否一致？

引导问题62：计算土方开挖、土方回填的清单工程量和定额工程量。

引导问题63:土方开挖应按( )项目进行清单列项,清单编码为
( ),项目特征为( ),套用定额项目为( )。

引导问题64:基础回填土应按( )项目进行清单列项,清单编码为
( ),项目特征为( ),套用定额项目为( )。

引导问题65:室内回填土应按( )项目进行清单列项,清单编码为
( ),项目特征为( ),套用定额项目为( )。

4)桩基础

引导问题66:依据图纸设计说明,实训项目工程采用( )桩基础,管桩外径为
( ),管桩型号为( ),管桩壁厚为( ),管桩长度为( ),桩尖类型
为( ),管桩数量为( )。

引导问题67:管桩与承台的连接构造是怎样的?

引导问题68:软件计量时,桩基础的布置方式是什么?

引导问题69:依据现行清单工程量计算规范,桩基础工程量应以( )为单位,按
( )计算。

引导问题70:依据现行清单工程量计算规范,预制管桩接桩、沉桩、送桩、桩尖、截桩以及
管桩桩顶与承台的连接构造是否需要单独编码列项计算工程量? 如需计算,应如何计算?

【小提示】 **桩基础清单工程量计算规则(表 9-6)**

表 9-6 桩基础清单工程量计算规则

项目编码	项目名称	项目特征	计量单位	工程量计算规则	工作内容
010301001	预制钢筋混凝土方桩	1.地层情况 2.送桩深度、桩长 3.桩截面 4.桩倾斜度 5.沉桩方法 6.接桩方式 7.混凝土强度等级	1.m 2.m³ 3.根	1.以米计量,按设计图示尺寸以桩长(包括桩尖)计算 2.以立方米计量,按设计图示截面积乘以桩长(包括桩尖)以实体积计算 3.以根计量,按设计图示数量计算	1.工作平台搭拆 2.桩机竖拆、移位 3.沉桩 4.接桩 5.送桩
010301002	预制钢筋混凝土管桩	1.地层情况 2.送桩深度、桩长 3.桩外径、壁厚 4.桩倾斜度 5.沉桩方法 6.桩尖类型 7.混凝土强度等级 8.填充材料种类 9.防护材料种类			1.工作平台搭拆 2.桩机竖拆、移位 3.沉桩 4.接桩 5.送桩 6.桩尖制作安装 7.填充材料、刷防护材料

续表

项目编码	项目名称	项目特征	计量单位	工程量计算规则	工作内容
010301003	钢管桩	1.地层情况 2.送桩深度、长度 3.材质 4.管径、壁厚 5.桩倾斜度 6.沉桩方法 7.填充材料种类 8.防护材料种类	1.t 2.根	1.以吨计量，按设计图示尺寸以质量计算 2.以根计量，按设计图示数量计算	1.工作平台搭拆 2.桩机竖拆、移位 3.沉桩 4.接桩 5.送桩 6.切割钢管、精割盖帽 7.管内取土 8.填充材料、刷防护材料
010301004	截(凿)桩头	1.桩类型 2.桩头截面、高度 3.混凝土强度等级 4.有无钢筋	1.m³ 2.根	1.以立方米计量，按设计桩截面乘以桩头长度以体积计算 2.以根计量，按设计图示数量计算	1.截(切割)桩头 2.凿平 3.废料外运

注：1.打试验桩和打斜桩应按相应项目单独列项，并应在项目特征中注明试验桩或斜桩(斜率)。
2.预制钢筋混凝土管桩桩顶与承台的连接构造按混凝土及钢筋混凝土相关项目列项。

引导问题71：依据现行定额，桩基础定额工程量与清单工程量是否一致？

引导问题72：计算桩基础清单工程量与定额工程量。

清单工程量：＿＿＿＿＿＿＿＿＿＿＿＿＿＿＿＿

＿＿＿＿＿＿＿＿＿＿＿＿＿＿＿＿＿＿＿＿＿＿＿＿

＿＿＿＿＿＿＿＿＿＿＿＿＿＿＿＿＿＿＿＿＿＿＿＿

＿＿＿＿＿＿＿＿＿＿＿＿＿＿＿＿＿＿＿＿＿＿＿＿

定额工程量：＿＿＿＿＿＿＿＿＿＿＿＿＿＿＿＿

＿＿＿＿＿＿＿＿＿＿＿＿＿＿＿＿＿＿＿＿＿＿＿＿

＿＿＿＿＿＿＿＿＿＿＿＿＿＿＿＿＿＿＿＿＿＿＿＿

＿＿＿＿＿＿＿＿＿＿＿＿＿＿＿＿＿＿＿＿＿＿＿＿

引导问题73：桩基础应按(　　　　　　　　)项目进行清单列项，清单编码为(　　　　　　)，项目特征为(　　　　　　)，套用定额项目为(　　　　　　)。

六、拓展问题

(1)如果压顶设计有钢筋，应如何布置？

(2)屋面排水管应如何布置？

(3)假设土方的处理方式为：基础以下2 m换填3∶7灰土；基础周边1 m以内回填2∶8灰土，1 m以外素土回填。这种土方应如何计量？

七、相关知识点

(一) 构件的层间复制

1.复制选定图元到其他楼层

在当前层绘制完某些图元后，其他楼层相同位置也存在该图元，构件属性基本相同，可以使用"复制到其它层"功能绘制该图元，如图9-2所示。

二层柱的绘制

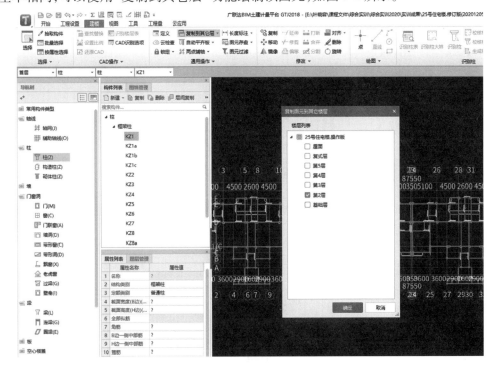

图 9-2　复制构件到其他楼层

（1）在建模界面，选择"通用操作"→"复制到其它层"。

（2）在绘图区选择构件图元，或者通过"批量选择"选择构件图元，单击鼠标右键完成选择，软件会弹出"复制图元到其它楼层"窗口，选择目标层，单击"确定"按钮完成操作。

复制时，如果当前楼层已经绘制了构件图元，那么软件会弹出"复制图元冲突处理方式"窗口，可以根据实际情况进行选择。

（3）其他楼层的构件属性与当前层不完全一致时，进入其他楼层建模界面，选择相应构件进行属性调整。

2.从其他楼层复制构件图元

在当前层某些构件图元属性和位置与其他楼层构件图元基本相同，则可以使用"从其它层复制"功能绘制该图元。

（1）在建模界面，选择"通用操作"→"从其它层复制"。

（2）在弹出的"从其它楼层复制图元"窗口中，在"源楼层"中选择要复制的相应楼层，在"图元选择"列表中选择相应的构件名称，右侧可选择目标楼层。

（3）复制后，构件属性的调整如前所述。

（二）复式层与屋面层

1.压顶

1）压顶的属性定义与绘制（图9-3）

（1）在导航树中选择"其他"→"压顶"，在构件列表中单击"新建"→"新建矩形压顶"。

（2）在属性列表中确定压顶名称、截面高度、截面宽度、起点顶标高和终点顶标高等信息。

（3）在绘图界面，通过"直线"、"矩形"等功能，或者"智能布置"功能绘制压顶。

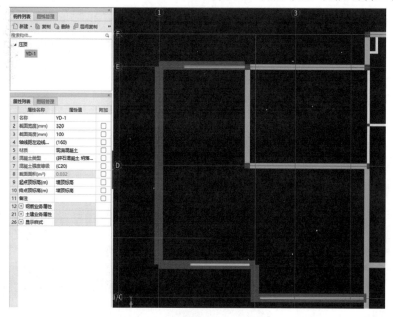

图9-3 压顶的属性定义与绘制

2）压顶的计量

（1）压顶混凝土工程量。依据压顶混凝土工程量计算规则，按设计图示尺寸以体积计算清单工程量与定额工程量。

$$V=截面宽度×截面高度×压顶长度 \tag{9-1}$$

（2）压顶模板工程量。依据压顶模板工程量计算规则，按模板与压顶的接触面积计算清单工程量与定额工程量。

$$S=（截面高度×2+底面外露宽度）×压顶长度 \tag{9-2}$$

（3）压顶装饰工程量。依据压顶装饰工程量计算规则，压顶抹灰应按设计图示尺寸以面积计算。

$$S=（截面高度×2+截面宽度+底面外露宽度）×压顶长度 \tag{9-3}$$

3）压顶的做法套用（图9-4）

（1）在"定义"→"构件做法"中，通过查询清单库、查询定额库、添加清单、添加定额等进行压顶混凝土、模板、装饰的清单和定额项目的做法套用。

（2）在"工程量表达式"中选择"TJ〈体积〉"，完成压顶的混凝土提量。

（3）在"工程量表达式"中选择"MBMJ〈模板面积〉"，完成压顶的模板提量。

（4）在"工程量表达式"中选择"WLMJ〈外露面积〉"，完成压顶的装饰提量。

	编码	类别	名称	项目特征	单位	工程量表达式	表达式说明	单价
1	⊟ 010507005	项	压顶		m3	TJ	TJ〈体积〉	
2	A2-53	定	现浇混凝土 扶手、压顶		m3	TJ	TJ〈体积〉	5229.24
3	⊟ 011702028	项	压顶		m2	MBMJ	MBMJ〈模板面积〉	
4	A16-140	定	扶手压顶胶合板模板木支撑		m2	MBMJ	MBMJ〈模板面积〉	4863.17
5	⊟ 011203001	项	零星项目一般抹灰（压顶）		m2	WLMJ	WLMJ〈外露面积〉	
6	A10-42	定	一般抹灰 零星抹灰		m2	WLMJ	WLMJ〈外露面积〉	5373.63
7	⊟ 011406001	项	抹灰面油漆		m2	WLMJ	WLMJ〈外露面积〉	
8	A13-205	定	乳胶漆 墙裙线、檐口线、门窗套、窗台板等两遍		m2	WLMJ	WLMJ〈外露面积〉	1137.54

图 9-4　压顶做法套用

2.屋面

1）屋面的属性定义与绘制

（1）在导航树中选择"其他"→"屋面"，在构件列表中单击"新建"→
"新建屋面"。

（2）在属性列表中确定屋面名称、底标高等信息。

屋面的绘制

（3）在绘图界面，通过"点"、"直线"、"矩形"等功能绘制屋面。

（4）选择屋面图元，在"屋面二次编辑"分组中单击"设置防水卷边"，在弹出的窗口中输入防水卷边高度，再单击"确定"按钮即设置成功。

（5）如果屋面某一边的防水卷边高度不相同，可以利用"夹点"功能进行修改。

在"修改"分组中单击"设置夹点"，鼠标左键点选需要设置夹点的屋面图元，在选中图元的边上指定夹点位置或按"Shift+鼠标左键"输入偏移值，则夹点设置成功。在"屋面二次编辑"分组中单击"查改防水卷边"，根据需要修改防水卷边高度，如图 9-5 所示。

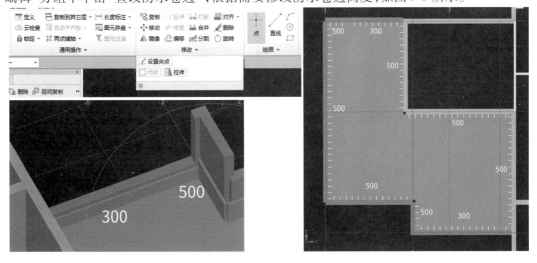

图 9-5　屋面防水夹点的设置

2）屋面的计量

（1）屋面防水层工程量。依据屋面防水工程量计算规则,按设计图示尺寸以面积计算清单工程量与定额工程量。

$$S=水平投影面积+弯起部分长度×弯起部分高度 \tag{9-4}$$

屋面女儿墙、伸缩缝和天窗等处的弯起部分按设计图示尺寸计算;设计无规定时,伸缩缝的弯起部分按 250 mm 计算,女儿墙、天窗的弯起部分按 500 mm 计算。

（2）屋面保温层工程量。依据屋面保温工程量计算规则,按设计图示尺寸以面积计算清单工程量与定额工程。

$$S=水平投影面积 \tag{9-5}$$

（3）屋面找平层、保护层工程量

屋面找平层、保护层工程量依据楼地面工程量计算规则计算清单工程量和定额工程量,详见学习情境七的相关内容。

3）屋面的做法套用（图 9-6）

（1）在"定义"→"构件做法"中,通过查询清单库、查询定额库、添加清单、添加定额等进行屋面防水层、保温层、找平层、保护层的清单和定额项目的做法套用。

（2）在"工程量表达式"中选择"FSMJ〈防水面积〉",完成屋面防水层清单工程量提量;选择"FSMJ〈防水面积〉-JBMJ〈卷边面积〉",完成屋面防水层（平面）定额工程量提量;选择"JBMJ〈卷边面积〉",完成屋面防水层（立面）定额工程量提量。

（3）在"工程量表达式"中选择"TYMJ〈投影面积〉",完成屋面保温层清单工程量和定额工程量提量。

（4）在"工程量表达式"中选择"FSMJ〈防水面积〉-JBMJ〈卷边面积〉",完成屋面找平层清单工程量和定额工程量提量。

（5）在"工程量表达式"中选择"TYMJ〈投影面积〉",完成屋面保护层清单工程量和定额工程量提量。

	编码	类别	名称	项目特征	单位	工程量表达式	表达式说明	单价
1	⊟ 011102003	项	块料楼地面（屋面一）		m2	TYMJ	TYMJ〈投影面积〉	
2	A9-43	定	陶瓷地面砖 单块地砖0.10m2以内		m2	TYMJ	TYMJ〈投影面积〉	9304.92
3	A9-46	定	陶瓷地砖 密封剂勾缝 单块地砖0.1m2以内		m2	TYMJ	TYMJ〈投影面积〉	1470.01
4	⊟ 010902001	项	屋面卷材防水（屋面一）		m2	FSMJ	FSMJ〈防水面积〉	
5	A6-71	定	聚氯乙烯卷材 冷粘法一层 平面		m2	FSMJ-JBMJ	FSMJ〈防水面积〉-JBMJ〈卷边面积〉	6334.4
6	A6-72	定	聚氯乙烯卷材 冷粘法一层 立面		m2	JBMJ	JBMJ〈卷边面积〉	6774.58
7	⊟ 010902002	项	屋面涂膜防水（屋面一）		m2	FSMJ	FSMJ〈防水面积〉	
8	A6-95	定	聚氨酯防水涂膜 2mm厚 平面		m2	FSMJ-JBMJ	FSMJ〈防水面积〉-JBMJ〈卷边面积〉	3602.02
9	A6-96	定	聚氨酯防水涂膜 2mm厚 立面		m2	JBMJ	JBMJ〈卷边面积〉	4163.76
10	⊟ 011101006	项	平面砂浆找平层（屋面一）		m2	FSMJ	FSMJ〈防水面积〉	
11	A9-2	定	平面砂浆找平层 填充料上20mm		m2	FSMJ	FSMJ〈防水面积〉	2285.29
12	⊟ 011001001	项	保温隔热屋面（屋面一）		m2	TYMJ	TYMJ〈投影面积〉	
13	A7-5	定	屋面 现浇陶粒混凝土 厚度100mm		m2	TYMJ	TYMJ〈投影面积〉	5485.44
14	⊟ 011001001	项	保温隔热屋面（屋面一）		m2	TYMJ	TYMJ〈投影面积〉	
15	A7-15	定	屋面 水泥珍珠岩 厚度100mm		m2	TYMJ	TYMJ〈投影面积〉	2269.95

图 9-6 屋面做法套用

（三）基础层

1.桩承台

1）桩承台的属性定义与绘制

（1）在导航树中选择"基础"→"桩承台"，在构件列表中单击"新建"→
"新建桩承台"，修改桩承台名称、底标高和顶标高。

桩承台的
属性定义

（2）单击"新建"→"新建桩承台单元"，在弹出的"选择参数化图形"窗口
中设置截面类型与具体尺寸，单击"确定"按钮后结束设置，如图9-7所示。

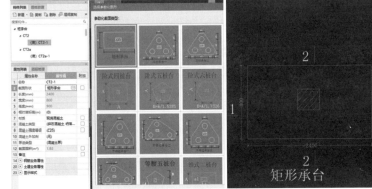

图9-7 桩承台的属性定义

（3）在绘图界面，通过"点"功能绘制桩承台。

（4）单击"识别桩承台"，通过"提取承台边线"→"提取承台标识"→"自
动识别"的流程，完成桩承台图元的绘制。

桩承台的识别

识别桩承台前，需要手动定义桩承台属性。这是因为桩承台基础的形式
复杂多样，如果没有新建桩承台，直接识别，识别出来的桩承台可能不是实际
的承台形式。

2）桩承台的计量

（1）桩承台混凝土工程量。依据桩承台混凝土工程量计算规则，按设计图示尺寸以体积
计算其混凝土清单工程量。应区分独立桩承台、带形桩承台、满堂基础桩承台，分别按设计
图示尺寸以体积计算混凝土定额工程量。

（2）桩承台模板工程量。依据桩承台模板工程量计算规则，按模板与现浇混凝土构件的
接触面积计算桩承台模板清单工程量。应区分独立桩承台、带形桩承台、满堂基础桩承台，
分别按模板与混凝土的接触面积计算模板定额工程量。

（3）桩承台钢筋工程量。

①环式配筋桩承台。环式配筋桩承台尺寸较小且为矩形，一般上部构造为一根柱子，下
部构造为一根桩。环式配筋的形式是在长、宽、高3个方向均为箍筋。箍筋根数计算方法与
其他构件箍筋计算思路相同。

宽度方向箍筋长度 = [（承台宽度−保护层×2）+（承台长度−保护层×2）]×2+弯钩长度×2

(9-6)

长度方向和高度方向箍筋长度计算与宽度方向箍筋长度计算方法相同，需要注意计算

时应考虑扣减桩伸入承台内高度。

②梁式配筋桩承台。梁式配筋桩承台尺寸一般为长条形，上部构造多为剪力墙，下部构造为线式排布的桩。其配筋主要包括上部钢筋、下部钢筋、侧面钢筋、箍筋及拉筋，其钢筋工程量计算方法与梁钢筋类似。

③三桩承台。三桩承台下面为3根桩，配筋主要包括桩间钢筋、水平和垂直分布钢筋。由于三桩承台平面形状的影响，桩间钢筋、分布钢筋均需根据间距计算其相应长度，每根钢筋的长度均不相同。

桩间钢筋需从承台边开始起算，钢筋长度计算到承台边时，若伸入桩的长度满足直锚则计算到承台边，否则需要伸入承台边弯折 $10d$。

水平、垂直分布筋需从承台边开始起算，钢筋长度计算到承台边弯折 $10d$。

3）桩承台的做法套用（图9-8）

（1）在"定义"→"构件做法"中，通过查询清单库、查询定额库、添加清单、添加定额等进行桩承台清单和定额项目的做法套用。

（2）在"工程量表达式"中选择"TJ〈体积〉"，完成桩承台混凝土清单工程量和定额工程量提量。

（3）在"工程量表达式"中选择"MBMJ〈模板面积〉"，完成桩承台模板清单工程量和定额工程量提量。

	编码	类别	名称	项目特征	单位	工程量表达式	表达式说明	单价
1	010501005	项	桩承台基础		m3	TJ	TJ〈体积〉	
2	A2-5	定	现浇混凝土 独立基础 混凝土		m3	TJ	TJ〈体积〉	3910.91
3	011702001	项	基础（桩承台）		m2	MBMJ	MBMJ〈模板面积〉	
4	A16-18	定	独立基础 组合钢模板 木支撑		m2	MBMJ	MBMJ〈模板面积〉	5043.3

图9-8 桩承台做法套用

2.垫层

1）垫层的属性定义与绘制（图9-9）

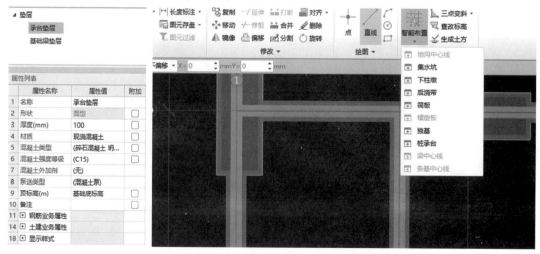

图9-9 垫层的属性定义与绘制

（1）在导航树中选择"基础"→"垫层"，根据构件特点，选择"新建点式垫层"、"新建面式垫层"或"新建线式垫层"。

垫层的绘制

点式垫层是针对独立基础和桩承台设置的垫层类型，需要输入垫层尺寸信息。

线式垫层是针对线式构件设置的垫层类型。宽度可以不输入，在基础构件智能布置时可以根据基础尺寸和出边距离自动计算。所有线式基础构件的垫层建议采用"线式垫层"处理。

面式垫层是针对点式构件和面式构件设置的垫层类型。不需要输入尺寸信息，在基础构件智能布置时可以根据基础尺寸和出边距离自动计算。所有点式基础构件和面式基础构件的垫层建议采用"面式垫层"处理。

（2）在属性列表中确定名称、厚度和顶标高等信息。

（3）在绘图界面，通过"点"或"智能布置"功能绘制垫层。

2）垫层的计量

（1）垫层混凝土工程量。依据垫层混凝土工程量计算规则，按设计图示尺寸以体积计算垫层的混凝土清单工程量和定额工程量。

（2）垫层模板工程量

依据垫层模板工程量计算规则，按模板与现浇混凝土构件的接触面积计算垫层模板的清单工程量和定额工程量。

3）垫层的做法套用（图9-10）

（1）在"定义"→"构件做法"中，通过查询清单库、查询定额库、添加清单、添加定额等进行垫层混凝土与模板的清单和定额项目的做法套用。

（2）在"工程量表达式"中选择"TJ〈体积〉"，完成垫层混凝土清单工程量和定额工程量提量。

（3）在"工程量表达式"中选择"MBMJ〈模板面积〉"，完成垫层模板清单工程量和定额工程量提量。

	编码	类别	名称	项目特征	单位	工程量表达式	表达式说明	单价
1	☐ 010501001	项	垫层		m3	TJ	TJ〈体积〉	
2	A2-1	定	现浇混凝土 垫层		m3	TJ	TJ〈体积〉	3944.25
3	☐ 011702001	项	基础		m2	MBMJ	MBMJ〈模板面积〉	
4	A16-1	定	基础垫层 胶合板模板		m2	MBMJ	MBMJ〈模板面积〉	4720.54

图9-10　垫层的做法套用

3. 土方

1）土方的属性定义与绘制（图9-11）

土方的绘制

（1）依据土方施工方案，在导航树中选择"土方"→"大开挖土方"或"土方"→"基槽土方"或"土方"→"基坑土方"。

（2）在"大开挖土方"属性列表中，定义名称、土壤类别、放坡系数、工作面宽、挖土方式、顶标高和底标高。在绘图界面，通过"点"、"直线"、"矩形"等功能绘制土方。

"沟槽土方"与"基坑土方"的属性定义与绘制方法与上述方法类似,这里不再详细介绍。

（3）在导航树中选择"土方"→"房心回填",在构件列表中单击"新建"→"新建房心回填",在属性列表中定义名称、厚度、回填方式和顶标高。利用"点"、"直线"等功能,或者通过"智能布置"功能绘制房心回填土。

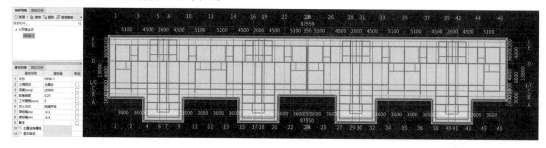

图 9-11　土方大开挖的定义与绘制

2）土方的计量

土方体积应按挖掘前的天然密实体积计算。挖沟槽、基坑、一般土方因工作面和放坡增加的工程量（管沟工作面增加的工程量）是否并入各土方工程量中,应按各省、自治区、直辖市或行业建设主管部门的规定实施。基础土方开挖深度应按基础垫层底表面标高至交付施工场地标高确定,无交付施工场地标高时,应按自然地面标高确定。

（1）挖一般土方。挖一般土方应按设计图示尺寸以体积计算。

（2）挖沟槽土方。挖沟槽土方按设计图示尺寸以基础垫层底面积乘以挖土深度计算。

$$V_{挖沟槽}=S_{截面}\times L \tag{9-7}$$

外墙沟槽,按外墙中心线长度计算。突出墙面的墙垛,按墙垛突出墙面的中心线长度,并入相应工程量内计算。内墙沟槽、框架间墙沟槽,按基础（含垫层）之间垫层（或基础底）的净长度计算。

（3）挖基坑土方。挖基坑土方按设计图示尺寸以基础垫层底面积乘以挖土深度计算。

方形不放坡基坑的体积为：

$$V=(垫层宽+2\times 工作面)\times(垫层长+2\times 工作面)\times 基坑深度 \tag{9-8}$$

方形放坡基坑的体积为：

$$V=(垫层宽+2\times 工作面+放坡系数\times 基坑深度)\times(垫层长+2\times 工作面+放坡系数\times 基坑深度)\times 基坑深度+1/3\times 放坡系数^2\times 基坑深度^3 \tag{9-9}$$

不规则基坑体积为：

$$V=\frac{1}{3}\times 基坑深度\times(S_{上}+S_{下}+\sqrt{S_{上}S_{下}}) \tag{9-10}$$

式中　$S_{上}$——基坑上口面积；

$S_{下}$——基坑下口面积。

（4）回填土。基础回填土应按挖方清单项目工程量减去自然地坪以下埋设的基础体积（包括基础垫层及其他构筑物）计算。

室内回填土应按主墙间净面积乘以回填厚度以体积计算。回填厚度为室内外高差扣减地面垫层、找平层、面层厚度之后的厚度。

3)土方的做法套用(图 9-12)

(1)在"定义"→"构件做法"中,通过查询清单库、查询定额库、添加清单、添加定额等进行土方清单和定额项目的做法套用。

(2)在"工程量表达式"中选择"TFTJ〈土方体积〉",完成挖土方的清单工程量和定额工程量提量。

(3)在"工程量表达式"中选择"STHTTJ〈素土回填体积〉",完成基础回填土清单工程量和定额工程量提量。

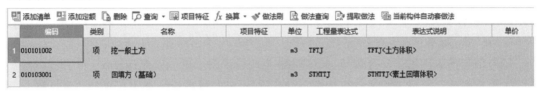

图 9-12　土方做法套用

4.桩基础计量

软件计量时,预制桩工程量和桩与承台连接部位工程量可以通过"表格输入"进行计量,如图 9-13 和图 9-14 所示。

桩基础的
表格输入

1)预制管桩

(1)依据清单工程量计算规范,预制钢筋混凝土管桩以米计量,按设计图示尺寸以桩长(包括桩尖)计算。

图 9-13　桩基础工程量

(2)依据现行定额工程量计算规则,打、压预应力钢筋混凝土管桩按设计桩长(不包括桩尖)以长度计算。预应力钢筋混凝土管桩钢桩尖按设计图示尺寸以质量计算。如设计要求加注填充材料时,填充部分另按钢管桩填芯相应项目执行。桩头灌芯按设计尺寸以灌注

图 9-14　桩基础钢筋工程量

体积计算。打桩工程的送桩均按设计桩顶标高至打桩前的自然地坪标高另加 0.5 m 计算相应的送桩工程量。

2）截（凿）桩头

（1）依据清单工程量计算规范，截（凿）桩头按设计图示数量以根计算。

（2）依据现行定额工程量计算规则，预制混凝土桩截桩按设计要求截桩的数量计算。截桩长度≤1 m 时，不扣减相应桩的打桩工程量；截桩长度>1 m 时，其超过部分按实扣减打桩工程量，但桩体的价格不扣除。预制混凝土桩凿桩头按设计图示桩截面积乘以凿桩头长度以体积计算。凿桩头长度设计无规定时，桩头长度按桩体高 40d（d 为桩体主筋直径，主筋直径不同时取大者）计算。灌注混凝土桩凿桩头按设计超灌高度（设计有规定的按设计要求，设计无规定的按 0.5 m）乘以桩身设计截面积以体积计算。桩头钢筋整理，按所整理的桩的数量计算。

八、评价反馈（表9-7）

表9-7 其他层计量学习情境评价表

序号	评价项目	评价标准	满分	评 价			综合得分
				自评	互评	师评	
1	构件层间复制	各构件层间复制方法选择正确； 构件图元层间复制操作正确； 不完全一致构件修正操作正确	30				
2	复式层、屋面层	压顶、屋面绘制方法选择恰当； 压顶、屋面的属性定义、绘制操作正确； 能正确理解与运用压顶、屋面工程量计算规则； 压顶、屋面工程量计算正确； 压顶、屋面做法套用正确； 压顶、屋面提量正确	30				
3	基础层	桩承台、桩、垫层、土方绘制方法选择恰当； 桩承台、桩、垫层、土方的属性定义、绘制操作正确； 能正确理解与运用桩承台、桩、垫层、土方工程量计算规则； 桩承台、桩、垫层、土方工程量计算正确； 桩承台、桩、垫层、土方做法套用正确； 桩承台、桩、垫层、土方提量正确	30				
4	工作过程	严格遵守工作纪律，按时提交工作成果； 积极参与教学活动，具备自主学习能力； 积极参与小组活动，具备倾听、协作与分享意识	10				
小　计			100				

九、实训总结

请针对实训任务的完成情况，进行相关知识点与技能点、知识难点与重点、工作流程与方法、自我感受等内容的梳理与总结。

模块二

工程计价

学习情境十　招标工程量清单编制

一、学习情境描述

依据《建设工程工程量清单计价规范》(GB 50500—2013)、《房屋建筑与装饰工程工程量计算规范》(GB 50854—2013)、《湖北省房屋建筑与装饰工程消耗量定额及全费用基价表》(2018 版),完成实训项目招标工程量清单的编制,招标工程量清单封面如图 10-1 所示。

图 10-1　招标工程量清单封面

二、学习目标

(1)新建招标项目结构。

(2)完成分部分项工程项目清单、措施项目清单、其他项目清单、规费与税金项目清单的编制。

(3)形成招标工程量清单文件及电子标文件。

三、工作任务

(1)收集并熟悉招标工程量清单编制所需资料。

(2)结合计量成果,完成招标工程量清单的编制。

四、工作准备

(1)阅读工作任务,收集并熟悉招标文件、施工现场情况等工程量清单编制所需资料。

(2)收集《建设工程工程量清单计价规范》(GB 50500—2013)、《房屋建筑与装饰工程工程量计算规范》(GB 50854—2013)中关于招标工程量清单编制的相关知识。

(3)结合工作任务分析招标工程量清单编制中的难点和常见问题。

五、工作实施

1.招标项目的建立

引导问题 1:新建招标项目时,应选择新建(　　　　　　)项目,(　　　　　　)计价模式。

引导问题 2:新建招标项目时,地区标准为(　　　　　　),定额标准为(　　　　　　),单价形式为(　　　　　　),模板类别为(　　　　　　),计税方式为(　　　　　　),税改文件为(　　　　　　)。

引导问题 3:新建招标项目时,单项工程和单位工程分别是什么?

引导问题 4:新建招标项目时,项目结构能否调整?

2.招标工程量清单编制

引导问题 5:招标工程量清单应包括(　　　　　　　　　　　　　　　　)。

引导问题 6:分部分项工程项目清单五要件是指(　　　　　　　　　　　　)。

引导问题 7:如何将计量结果导入招标项目中?

引导问题 8:输入分部分项工程项目清单时,可以通过(　　　　　)确定项目编码、名称和单位。

引导问题 9:如何编制分部分项工程项目清单的项目特征?

引导问题 10:在输入分部分项工程项目清单工程量时,在"工程量表达式"输入和在"工程量"输入有何区别?

引导问题 11:措施项目清单包括(　　　　　　)和(　　　　　　)。

引导问题 12:编制招标工程量清单时,措施项目清单应如何编制?

引导问题 13:其他项目清单包括(　　　　　　　　　　　　)。

引导问题 14:编制招标工程量清单时,应确定其他项目清单的哪些内容?

引导问题 15:规费指(　　　　　　　　),税金指(　　　　　　　　)。

引导问题 16:编制招标工程量清单时,规费与税金项目清单应如何编制?

3.招标文件编制

引导问题 17:如何进行招标工程量清单的分部整理?

引导问题 18:招标工程量清单文件包括哪些内容? 装订顺序是怎样的?

引导问题 19:招标工程量清单的封面、扉页应如何填写?

引导问题 20:招标工程量清单的总说明应如何编写?

引导问题 21:计价软件中,报表的"设计"功能和"编辑"功能有何区别?

引导问题 22:生成招标文件前,可以通过(　　　　)、(　　　　)功能进行项目检查。

引导问题 23:如何导出招标文件?

引导问题 24:如何生成电子标?

六、拓展问题

（1）当由多人共同完成一项单项工程的招标工程量清单编制工作时，应如何运用软件完成？

（2）电子标是什么格式文件？

（3）生成电子标文件时，提示"单位工程有且只能有一级分部，否则不能生成电子标"，此时应如何处理？

七、相关知识点

（一）招标工程量清单

招标工程量清单是招标人依据国家标准、招标文件、设计文件以及施工现场实际情况编制的随招标文件发布供投标报价的工程量清单，包括其说明和表格。

招标工程量清单应由具有编制能力的招标人或受其委托、具有相应资质的工程造价咨询人编制。招标工程量清单应以单位（项）工程为单位编制，由分部分项工程项目清单、措施项目清单、其他项目清单、规费和税金项目清单组成。

1）分部分项工程项目清单

分部分项工程项目清单必须载明项目编码、项目名称、项目特征、计量单位和工程量。

项目编码用 12 位阿拉伯数字表示，前 9 位依据《建设工程工程量清单计价规范》（GB 50500—2013）给定的全国统一编码设置，后 3 位由编制人根据拟建工程的工程量清单项目名称和项目特征设置。

项目名称应按《建设工程工程量清单计价规范》（GB 50500—2013）附录中的项目名称，结合拟建工程的实际确定。

项目特征是构成分部分项工程项目自身价值的本质特征，应按《建设工程工程量清单计价规范》（GB 50500—2013）附录中规定的项目特征，结合拟建工程的实际予以描述。

计量单位应按《建设工程工程量清单计价规范》（GB 50500—2013）附录中规定的计量单位确定。

工程量应按《建设工程工程量清单计价规范》（GB 50500—2013）附录中规定的工程量计算规则计算。

2）措施项目清单

措施项目清单包括单价措施项目清单和总价措施项目清单。

单价措施项目清单是可以计量的措施项目，如模板工程。其编制方法与分部分项工程项目清单一样，必须列出项目编码、项目名称、项目特征、计量单位和工程量。

总价措施项目清单是不能计量的项目，如夜间施工。编制时以"项"为单位，仅需列出项目编码和项目名称。

3）其他项目清单

其他项目清单包括暂列金额、暂估价、计日工、总承包服务费。

暂列金额是用于施工合同签订时尚未确定或者不可预见的所需材料、设备和服务的采购，施工中可能发生的工程变更，合同约定调整因素出现时的工程价款调整以及发生的索赔、现场签证等的费用。

暂估价是指招标人在工程量清单中提供的用于支付必然发生但暂时不能确定价格的材料、工程设备的单价以及专业工程的金额,包括材料暂估单价、工程设备暂估单价、专业工程暂估价。

计日工是指在施工过程中,承包人完成发包人提出的施工图纸以外的零星项目或工作,按合同中约定的综合单价计价的一种方式。

总承包服务费是指总承包人为配合协调发包人进行的专业工程发包,对发包人自行采购的材料、工程设备等进行保管以及施工现场管理、竣工资料汇总整理等服务所需的费用。

4)规费与税金项目清单

规费项目包括社会保险费(包括养老保险费、失业保险费、医疗保险费、工伤保险费、生育保险费)、住房公积金、工程排污费。出现计价规范中未列的项目,应根据省级政府或省级有关权利部门的规定列项。

税金是指国家税法规定的应计入建筑安装工程造价内的增值税。

(二)新建招标项目

(1)进入广联达云计价平台 GCCP5.0,单击"新建"→"新建招投标项目"。

(2)选择"清单计价"模式,单击"新建招标项目"。依据招标文件要求,结合拟建项目情况,确定项目名称、地区标准、定额标准、单价形式、模板类别、计税方式、税改文件,单击"下一步"按钮进入项目结构构建,如图 10-2 所示。

新建招标项目

(3)单击"新建单项工程",确定单项工程名称、单项工程数量,勾选单位工程类别后,单击"确定"按钮即可完成项目新建。

图 10-2 新建招标项目

（三）分部分项工程项目清单编制

1）清单子目输入

（1）直接输入，即手工完整输入清单编码，直接带出清单内容。在一级导航栏选择"编制"，"项目结构树"选择"单位工程"，在二级导航栏选择"分部分项"，然后选中编码列，直接输入完整的清单编码（如平整场地010101001001），然后按回车键确定，软件自动带出清单名称及其单位。

分部分项工程
项目清单编制

（2）关联输入，即在知道清单或定额的名称，但不知道编码的情况下，在名称列输入清单名称，实时检索显示包含输入内容的清单子目。在"分部分项"界面，选择项目名称列，输入清单名称（如矩形柱），软件实时检索出相应的清单项，鼠标点选清单项即可完成输入。

（3）查询输入，即当对清单或定额不熟悉时，可以通过查询窗口查看清单或定额并完成输入。在"分部分项"界面，单击功能区的"查询"，选择"查询清单"；在"查询"窗口，按照章节查询清单，找到目标清单项后，选中，然后单击"插入"，或者双击鼠标左键即可完成输入，如图10-3所示。

图 10-3　查询输入清单项目

2）项目特征输入

在"分部分项"界面，选中某清单项目，单击属性区的"特征及内容"，根据工程实际选择或输入项目特征值，完成后，软件会自动同步到相应清单项目的项目特征框；也可以在清单项目的项目特征框手动输入，如图10-4所示。

3）工程量输入

清单工程量的输入，可以根据工程量计算结果，在"分部分项"界面，选中相应的清单项目，在"工程量"中直接输入工程量；也可以单击"工程量表达式"，输入工程量计算式，计算结果直接反映在"工程量"中；也可以在选中相应的清单项目后，单击属性区的"工程量明细"，输入各部分的工程量或工程量计算式，计算结果直接反映到"工程量"中。

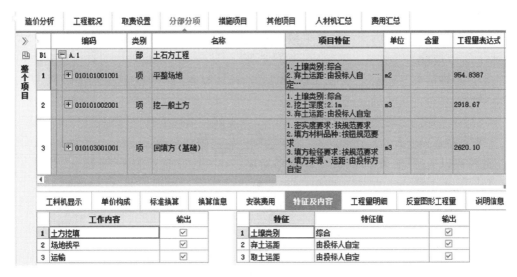

图 10-4 项目特征输入

4）数据导入

（1）导入 Excel 文件。在"分部分项"界面，单击功能区的"导入"→"导入 Excel 文件"，在"导入 Excel 表"窗口，首先选择需要导入的 Excel 报表，然后选择需要导入的 Excel 表中的数据表，再选择数据表需要导入到软件中的位置；检查软件自动识别的分部行、清单行（子目行）是否有出入，并对错误的地方进行手动调整；检查调整后，单击"导入"按钮，选中数据表中的数据即导入到软件相应位置。识别后的数据表在导入软件中时，如需覆盖软件中已有的数据，可以勾选"清空导入"，然后再单击"导入"按钮。

（2）导入算量文件。在"分部分项"界面，单击功能区的"导入"→"导入算量文件"，选择需要导入的算量工程，再选择需要导入的做法，单击"导入"按钮即可，如图 10-5 所示。

算量文件导入

图 10-5 导入算量文件

5）整理清单

（1）分部整理。工程的工程量清单编制完成后，一般都需要按清单规范（或定额）提供的专业、章、节进行归类整理。在二级导航栏选择"分部分项"，然后选中所有项目清单，单击功能区的"整理清单"→"分部整理"，根据需要选择按专业、章、节进行分部整理，然后单击"确定"按钮，软件即可自动完成清单项的分部整理工作。

（2）清单排序。实际工作中，需要多人共同完成同一招标文件编制时，由于不同楼号录入的清单顺序差异较大，以及编制过程中对编制内容的删减和增加，造成清单的流水码顺序不对，此时可以通过"清单排序"功能将清单排序。在二级导航栏选择"分部分项"，选中所有项目清单，单击功能区的"整理清单"→"清单排序"，然后根据需要，选择重排流水码、清单排序或保存清单顺序，再单击"确定"按钮，软件即可自动完成清单排序。

（四）措施项目清单编制

单价措施项目清单的编制要点与分部分项工程项目清单一样，但须注意应在二级导航栏选择"措施项目"，在"单价措施项目费"下完成单价措施项目的编制，如图10-6所示。

序号	类别	名称	单位	项目特征	组价方式	计算基数	费率(%)	工程量
		措施项目						
一		单价措施项目费						
1	011701001001	综合脚手架	m2	1.建筑结构形式:框架结构 2.檐口高度:H=18.15m	可计量清单			4589.43
2	011702001001	基础（桩承台）	m2	1.基础类型:桩承台基础	可计量清单			457.81
3	011702001002	基础（垫层）	m2	1.基础类型:基础垫层	可计量清单			139.07
4	011702002001	矩形柱	m2	组合钢模板	可计量清单			2293.97
5	011702003001	构造柱	m2	组合钢模板	可计量清单			1143.1
6	011702005001	基础梁	m2	组合钢模板	可计量清单			330.13
7	011702006001	矩形梁	m2	组合钢模板	可计量清单			731.58
8	011702008001	圈梁（屋面下压梁）	m2	组合钢模板	可计量清单			355.71
9	011702009001	过梁	m2	组合钢模板	可计量清单			183.47
10	011702014001	有梁板	m2	组合钢模板	可计量清单			7190.22
11	011702016001	平板（预制阳台板）	m2	1.支撑高度:3.6m以内	可计量清单			15.81
12	011702023001	悬挑板（飘窗板）	m2	1.构件类型:飘窗板 2.板厚度:100	可计量清单			182
13	011702024001	楼梯	m2	1.类型:直行单跑楼梯	可计量清单			75.64
14	011702024002	楼梯	m2	1.类型:直行双跑楼梯	可计量清单			66.6
15	011702027001	台阶	m2	1.台阶踏步宽:300	可计量清单			6
16	011702028001	压顶	m2	1.扶手断面尺寸:320×100	可计量清单			233.05

图10-6 单价措施项目清单编制

在软件中，已列出依据《建设工程工程量清单计价规范》（GB 50500—2013）应设置的总价措施清单项目，在编制招标工程量清单时，如有省级政府或省级有关权力部门规定的补充项目，可以补充列项。

（五）其他项目清单编制

在二级导航栏选择"其他项目"，依据下列要求完成其他项目清单的编制。

1）暂列金额

在"其他项目"导航树中选择"暂列金额"，由招标人输入名称、计量单位、暂定金额。若不能详列暂列内容及金额，也可以只列暂定金额总额。

2）暂估价

材料（工程设备）暂估单价由招标人确定暂估材料（工程设备）的名称、规格、型号、暂估

其他项目清单编制

单价,以及拟用在哪些清单项目上。如果招标工程量清单和招标控制价一并编制,材料(工程设备)暂估单价可以通过以下步骤完成设置:在二级导航栏选择"人材机汇总"→"所有人材机",在所有人材机中选中材料市场价需要暂估的材料,在"是否暂估"列打"√"即可。如果单独编制招标工程量清单,在二级导航栏选择"人材机汇总"→"暂估材料表",在空白处单击鼠标右键,选择"插入"或"从 Excel 文件导入"即可。

专业工程暂估价由招标人确定工程名称、工程内容和暂估金额。在"其他项目"导航树中选择"专业工程暂估价",输入相关信息即可。

3)总承包服务费

总承包服务费由招标人确定项目名称、服务内容。在"其他项目"导航树中选择"总承包服务费",输入相关信息即可。

4)计日工

计日工由招标人确定项目名称、单位和暂定数量。在"其他项目"导航树中选择"计日工",区分人工、材料、机械类别,输入相关信息即可,如图10-7所示。

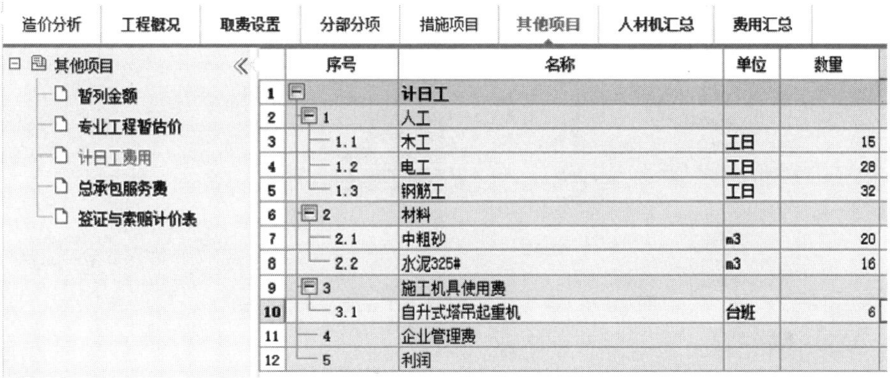

造价分析	工程概况	取费设置	分部分项	措施项目	其他项目	人材机汇总	费用汇总

序号		名称	单位	数量
1		计日工		
2	1	人工		
3	1.1	木工	工日	15
4	1.2	电工	工日	28
5	1.3	钢筋工	工日	32
6	2	材料		
7	2.1	中粗砂	m3	20
8	2.2	水泥325#	m3	16
9	3	施工机具使用费		
10	3.1	自升式塔吊起重机	台班	6
11	4	企业管理费		
12	5	利润		

其他项目导航树包括:暂列金额、专业工程暂估价、计日工费用、总承包服务费、签证与索赔计价表

图 10-7　计日工编制

(六)规费与税金项目清单

在软件中,已列出依据《建设工程工程量清单计价规范》(GB 50500—2013)应设置的规费项目与税金项目,在编制招标工程量清单时,如有省级政府或省级有关权力部门规定的补充项目,可以补充列项。

(七)招标工程量清单文件编制

1)招标工程量清单的组成

招标工程量清单文件主要包括封面,扉页,总说明,分部分项工程和单价措施项目清单与计价表,总价措施项目清单与计价表,其他项目清单与计价汇总表,暂列金额明细表,材料(工程设备)暂估单价及调整表,专业工程暂估价及结算表,计日工表,总承包服务费计价表,规费、税金项目清单与计价表等。

总说明一般应说明工程概况、工程招标和专业工程发包范围、工程量清单编制依据、工程质量、材料及施工等的特殊要求,以及其他需要说明的问题。

2)导出招标工程量清单文件

在一级导航栏选择"报表",单击"批量导出 Excel",根据需要勾选报表类型,单击"导出选择表"按钮即可,如图10-8所示。在勾选所需报表时,可以批量选择报表,也可以批量选择/取消同名报表,还可以根据上移、下移调整报表顺序。另外,可以通过"导出设置"功能对Excel的页眉页脚位置、导出数据模式、批量导出Excel选项进行设置。

图 10-8　招标工程量清单 Excel 文件导出

3）生成并导出招标工程量清单电子标

电子招标书的生成

在一级导航栏选择"电子标",单击"生成招标书",根据提示在"确认"窗口选择"是",进行项目符合性检查;在"项目自检"窗口,根据需要,在"设置检查项"中选择检查方案为"招标书自检选项",然后设置需要检查的项,再单击"执行检查";在检查结果中,即可看到项目自检出来的问题,然后根据检查结果进行调整。项目自检合格后,关闭"项目自检"窗口,软件即弹出"导出标书"窗口,然后选择电子标书导出的位置,单击"确定"按钮,如图 10-9 所示;在弹出的"招标信息"窗口中,根据工程实际,填写招标相关信息,然后单击"确定"按钮,即可生成电子招标书文件。

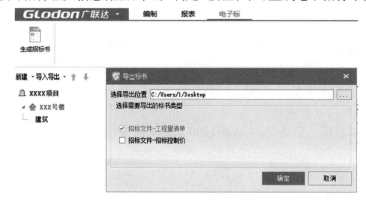

图 10-9　电子招标书文件生成

八、评价反馈（表10-1）

表 10-1　招标工程量清单编制学习情境评价表

序号	评价项目	评价标准	满分	评价			综合得分
				自评	互评	师评	
1	新建招标项目	招标项目的各项标准采用正确； 招标项目结构正确	15				
2	分部分项工程项目清单编制	正确导入计量成果； 分部分项工程项目清单五要件完整； 清单项目输入正确； 项目特征输入完整、准确； 工程量输入正确	30				
3	措施项目清单编制	单价措施项目编制正确； 总价措施项目编制正确	15				
4	其他项目清单、规费与税金项目清单编制	暂列金额编制正确； 暂估价编制正确； 计日工编制正确； 总承包服务费编制正确； 规费与税金项目清单编制正确	15				
5	招标工程量清单文件编制	招标文件组成完整，装订顺序正确； 封面、扉页及编制说明填写正确； 导出招标工程量清单文件操作正确； 导出招标工程量清单电子标操作正确	15				
6	工作过程	严格遵守工作纪律，按时提交工作成果； 积极参与教学活动，具备自主学习能力； 积极参与小组活动，具备倾听、协作与分享意识	10				
	小　计		100				

九、实训总结

请针对实训任务的完成情况，进行相关知识点与技能点、知识难点与重点、工作流程与方法、自我感受等内容的梳理与总结。

学习情境十一　招标控制价编制

一、学习情境描述

依据《建设工程工程量清单计价规范》(GB 50500—2013)、《房屋建筑与装饰工程工程量计算规范》(GB 50854—2013)、《湖北省房屋建筑与装饰工程消耗量定额及全费用基价表》(2018版),完成实训项目招标控制价的编制。招标控制价封面如图11-1所示。

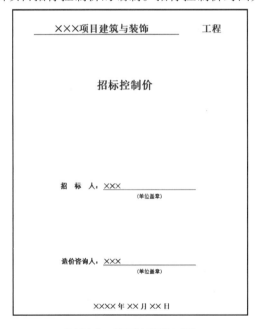

×××项目建筑与装饰　　　工程

招标控制价

招　标　人：×××
（单位盖章）

造价咨询人：×××
（单位盖章）

××××年××月××日

图 11-1　招标控制价封面

二、学习目标

(1)完成分部分项工程及单价措施项目综合单价组价。
(2)确定分部分项工程费、措施项目费、其他项目费、规费与税金,形成招标控制价。
(3)形成招标控制价文件及电子标。

三、工作任务

(1)收集并熟悉招标控制价编制所需资料。
(2)结合计量成果,完成招标控制价的编制。

四、工作准备

(1)阅读工作任务,收集并熟悉招标文件、施工现场情况、常规施工方案等招标控制价编制所需资料。

（2）收集《建设工程工程量清单计价规范》（GB 50500—2013）、《房屋建筑与装饰工程工程量计算规范》（GB 50854—2013）、现行计价定额中关于招标控制价编制的相关知识。

（3）结合工作任务分析招标控制价编制中的难点和常见问题。

五、工作实施

1.综合单价组价

引导问题1：综合单价包括（　　　　　　　　　　　　　　　），全费用综合单价包括（　　　　　　　　　　　　　　　）。

引导问题2：定额子目的确定方法包括（　　　　　　　　　　　　　　　）。

引导问题3：什么是定额换算？在什么情况下需要进行定额换算？

引导问题4：土石方工程中，一般哪些情况需要进行定额换算？在软件中应如何处理？

引导问题5：砌筑工程中，一般哪些情况需要进行定额换算？在软件中应如何处理？

引导问题6：混凝土工程中，一般哪些情况需要进行定额换算？在软件中应如何处理？

引导问题7：屋面及防水工程、保温工程中，一般哪些情况需要进行定额换算？在软件中应如何处理？

引导问题8：楼地面、墙柱面、天棚面工程中，一般哪些情况需要进行定额换算？在软件中应如何处理？

引导问题9：材料暂估单价对综合单价有何影响？在软件中应如何处理？

引导问题10：甲供材料对综合单价有何影响？对招标控制价有何影响？在软件中应如何处理？

2.招标控制价编制

引导问题11：编制招标控制价时，应采用（　　　　）定额，（　　　　）施工方案。

引导问题12：编制招标控制价时，材料价格应采用（　　）价格。在软件中，应如何处理？

引导问题13：编制招标控制价时，措施项目费应如何编制？

引导问题14：编制招标控制价时，其他项目费应如何编制？

引导问题15：编制招标控制价时，规费与税金应如何编制？

3.招标控制价文件编制

引导问题16：招标控制价文件包括哪些内容？装订顺序是怎样的？

引导问题17：招标控制价的封面、扉页应如何填写？

引导问题18：招标控制价的总说明应如何编写？

六、拓展问题

（1）如果计税方式和单价形式发生变化，是否需要重新计算招标控制价？

（2）如何把典型的其他项目作为模板保存起来，以便用于其他类似工程？

（3）在编制招标控制价过程中，由于一些突发情况，导致计算机自动关闭，工程文件未进行保存,此时应如何处理?

七、相关知识点

(一) 招标控制价

为客观、合理地评审投标报价和避免哄抬标价,造成国有资产流失,国有资金投资的建设工程招标,招标人必须编制招标控制价,作为投标限价。

招标控制价应由具有编制能力的招标人或受其委托具有相应资质的工程造价咨询人编制和复核。当招标人不具有编制招标控制价的能力时,可委托具有工程造价咨询资质的工程造价咨询企业编制。工程造价咨询人接受招标人委托编制招标控制价,不得再就同一工程接受投标人委托编制投标报价。

招标控制价不同于标底,无须保密,招标人应在招标文件中如实公布招标控制价。

(二) 综合单价

分部分项工程费和单价措施项目费由各项目工程量乘以其综合单价构成。综合单价的形式包括综合单价和全费用综合单价。

综合单价是指完成一个规定清单项目所需的人工费、材料费和工程设备费、施工机具使用费、企业管理费、利润以及一定范围内的风险费用。

全费用综合单价则包括人工费、材料费、施工机具使用费、总价措施费、企业管理费、利润、规费和增值税。

1.定额套用

综合单价需要依据项目特征套用定额,进行组价。

(1)单击"插入"→"插入子目",运用输入、查询等方法,确定定额子目编码、名称、单位,如图 11-2 所示。

定额套用

图 11-2　定额的确定

（2）当定额单位与清单单位一致时，软件默认定额工程量为清单工程量，即"QDL（清单量）"。如果依据定额规则，定额工程量与清单工程量不一致时，可以在"工程量表达式"中输入计算式，或直接在"工程量"中输入工程量计算结果。

（3）定额子目中"含量"是指依据单价法计算综合单价时的折算系数。

$$含量 = \frac{定额工程量}{清单工程量×定额单位} \tag{11-1}$$

（4）如果在计量文件中已经套用了定额做法，可以直接导入计量文件成果。

2.定额换算

定额换算

定额换算是指当施工图设计要求与定额的工程内容、规格、型号、施工方法等条件不完全相符时，按定额有关规定允许进行调整与换算时，须按规定进行换算。

定额换算的类型主要包括砂浆种类与强度等级换算、混凝土种类与强度等级换算、运距换算、厚度换算和系数换算。

1）标准换算

在软件中，绝大多数换算可以通过标准换算完成。在数据编辑区单击选中需要换算的定额项，在属性窗口单击"标准换算"，依据清单项目特征，勾选标准换算列出的换算内容，或填写相应换算信息，或选择换算后的材料种类，即可完成相应的换算，如图11-3所示。

编码	类别	名称	项目特征	单位	含量	工程量表达式	工程量	单价	合价
2	□ 010101002001	项	挖一般土方	1.土壤类别:综合 2.挖土深度:2.1m 3.弃土运距:由投标人自定	m3		2918.67	2918.67		
	G1-91	定	反铲挖掘机挖一般土方 装车(斗容量1.2~1.5m3) 三类土		1000m3	0.0009	QDL*0.9	2.626803	3349.28	8797.9
	G1-4 R*1.5	换	人工挖一般土方(基深) 三类土 ≤4m 机械挖土方中辅人工辅助开挖(包括切边、修正底边) 人工*1.5		10m3	0.01	QDL*0.1	29.1867	485.07	14157.59
	G1-212 + G1-213 * 9	换	自卸汽车运土方(载重8t以内) 运距1km以内 实际运距(km) (1km≤s≤30km):10		1000m3	0.0001023	2918.67-2620.10	0.29857	20884.69	6235.54
	G1-332	定	基底钎探		100m2	0.0007035	205.3275	2.053275	223.7	459.32
				1.密实度要求:按规范要求 2.填方材料品种:按钮规范表						

换算列表	换算内容
1 实际运距(km) (31km≤s≤40km)	1
2 实际运距(km) (1km≤s≤30km)	10
3 机械挖、运湿土时 人工*1.15,机械*1.15	☐
4 如系拉铲挖掘机装车 机械[JX17040170] 含量*1.2	☐

图 11-3　定额标准换算

2）特殊换算

依据湖北省现行预算定额规定，定额中所使用的砂浆均按干混砂浆编制，所使用的混凝土均按预拌混凝土编制。如果采用现拌砂浆、湿拌预拌砂浆、现场搅拌混凝土，均需进行人工、材料、机械费用的调整。下面以现场搅拌混凝土换算为例进行介绍。

在数据编辑区单击选中需要换算的定额项，在功能区选择"其他"→"预拌混凝土转现拌"。在弹出的窗口中，单击混凝土材料一行、"现场搅拌混凝土"一列位置空白处的"▼"。在弹出的材料中，选择需要的现场搅拌混凝土种类，双击选中该材料，单击"执行换算"即可，如图11-4所示。

图 11-4　商品混凝土换算为现场搅拌混凝土

3.材料(工程设备)暂估单价

编制招标控制价时,材料(工程设备)暂估单价应依据招标人提供的名称、单位和单价,计入综合单价报价中。

在二级导航栏选择"人材机汇总",在分栏显示区选择"材料表"。选择需要暂估单价的材料,在"市场价"栏输入暂估单价,在"是否暂估"栏进行勾选即可。如需修改暂估单价,需要先取消"是否暂估"栏的勾选,再进行价格的修改,如图 11-5 所示。

材料暂估单价的确定

在分栏显示区选择"暂估材料表",即可显示本工程所有暂估单价的材料。

4.甲供材料

甲供材料就是甲方供应的材料,一般由甲方组织供应到现场,乙方负责验收、保管。依据湖北省现行预算定额的规定,发包人提供的材料和工程设备(简称甲供材)不计入综合单价和工程造价中。

在二级导航栏中选择"人材机汇总",在分栏显示区选择"材料表"。选择甲供材料,在"供货方式"栏中修改为"甲供材料"即可,如图 11-6 所示。在分栏显示区选择"发包人供应

编码	类别	名称	规格型号	单位	是否暂估
27	CL17007300	材	成品腻子粉		kg	
28	CL17007410	材	成品装饰单开木门及门套 复合 0.9m*2.1m		樘	☑
29	CL17009180	材	单开门锁		把	
30	CL17009570	材	挡脚板		m3	
31	CL17009950	材	低合金钢焊条 E43系列		kg	
32	CL17010010	材	低碳钢焊条 J422 φ4.0		kg	
33	CL17010650	材	地砖 300*300		m2	☑
34	CL17010660	材	地砖 600*600		m2	☑
35	CL17010690	材	电		kW·h	
36	CL17010840	材	电焊条		kg	
37	CL17010850	材	电焊条 L-60 φ3.2		kg	
38	CL17010930	材	电控防盗门		m2	
39	CL17010940	材	电控门电子控制器		套	
40	CL17011560	材	垫木		m3	
41	CL17011570	材	垫木 60*60*60		块	
42	CL17011590	材	垫圈		百个	
43	CL17011670	材	垫铁		kg	

图 11-5　材料暂估单价的确定

材料和设备",即可显示本工程所有甲供材料。

编码	类别	名称	规格型号	单位	价差合计	供货方式	甲供数量
59	CL17020770	材	钢化玻璃 δ12		m2	0	自行采购	
60	CL17020930	材	钢筋 φ10以外		kg	0	自行采购	
61	CL17021040	材	钢筋 综合		kg	0	自行采购	
62	CL17021050	材	钢筋HPB300 φ10		kg	2700.21	甲供材料	4286.04
63	CL17021060	材	钢筋HPB300 φ10以内		kg	780.99	自行采购	
64	CL17021060@1	材	钢筋HPB300 φ6		kg	11406.25	自行采购	
65	CL17021080	材	钢筋HPB300 φ12		kg	493.85	甲供材料	823.075
66	CL17021110@1	材	钢筋HPB300 φ6		kg	7247.92	自行采购	
67	CL17021190	材	钢筋HPB300 φ6		kg	15007.92	自行采购	
68	CL17021270	材	钢筋HRB400 φ12		kg	984.91	甲供材料	2010.025
69	CL17021280	材	钢筋HRB400 φ14		kg	15402.49	甲供材料	33483.675
70	CL17021290	材	钢筋HRB400 φ16		kg	4013.45	甲供材料	9121.475
71	CL17021300	材	钢筋HRB400 φ18		kg	3933.54	甲供材料	8741.2
72	CL17021310	材	钢筋HRB400 φ20		kg	968.46	甲供材料	2196.575
73	CL17021400@1	材	钢筋CRB550 φ7		kg	6398.97	自行采购	
74	CL17021400@2	材	钢筋CRB550 φ9		kg	2568.36	自行采购	
75	CL17021410	材	钢筋HRB400以内 φ12~18		kg	0	自行采购	

图 11-6　甲供材料的确定

5.价格调整

（1）一级导航栏选择"编制"，单击功能区中的"载价"。

价格调整

（2）根据自身工程要求，选择载价地区及载价月份，可以选择对已调价的材料不进行载价。

（3）将信息价和目前预载入价格进行比较，也可以直接在待载价格中进行手动调价，完成批量载价过程，如图 11-7 所示。

（4）完成载价或调整价格后，可以看到市场价的变化，并在价格来源列看到价格的来源。

（5）对于某几条材料需要单独调整的，可以单独载价进行调整。

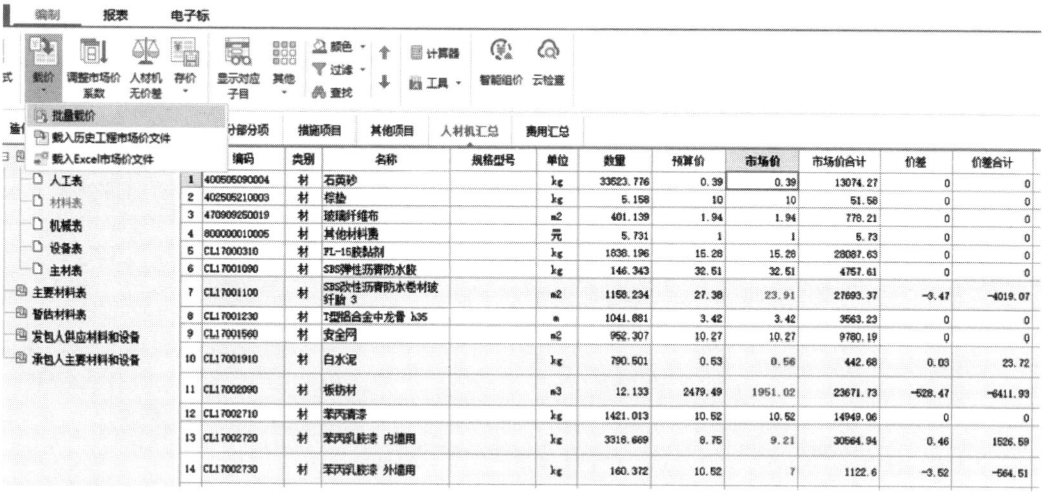

	编码	类别	名称	规格型号	单位	数量	预算价	市场价	市场价合计	价差	价差合计
1	400505090004	材	石英砂		kg	33523.776	0.39	0.39	13074.27	0	0
2	402505210003	材	棕垫		kg	5.158	10	10	51.58	0	0
3	470909250019	材	玻璃纤维布		m2	401.139	1.94	1.94	778.21	0	0
4	800000010005	材	其他材料费		元	5.731	1	1	5.73	0	0
5	CL17000310	材	FL-15胶黏剂		kg	1838.196	15.28	15.28	28087.63	0	0
6	CL17001090	材	SBS弹性沥青防水胶		kg	146.343	32.51	32.51	4757.61	0	0
7	CL17001100	材	SBS改性沥青防水卷材玻纤胎 3		m2	1158.234	27.38	23.91	27693.37	-3.47	-4019.07
8	CL17001230	材	T型铝合金中龙骨 h35		m	1041.881	3.42	3.42	3563.23	0	0
9	CL17001560	材	安全网		m2	952.307	10.27	10.27	9780.19	0	0
10	CL17001910	材	白水泥		kg	790.501	0.53	0.56	442.68	0.03	23.72
11	CL17002090	材	板枋材		m3	12.133	2479.49	1951.02	23671.73	-528.47	-6411.93
12	CL17002710	材	苯丙清漆		kg	1421.013	10.52	10.52	14949.06	0	0
13	CL17002720	材	苯丙乳胶漆 内墙用		kg	3318.669	8.75	9.21	30564.94	0.46	1526.59
14	CL17002730	材	苯丙乳胶漆 外墙用		kg	160.372	10.52	7	1122.6	-3.52	-564.51

图 11-7　价格调整

(三)招标控制价编制

1.分部分项工程费

各清单项目的综合单价合价由其清单工程量乘以综合单价得到,分部分项工程费由各清单项目的综合单价合价汇总后得到。

在软件中,当完成综合单价组价后,软件自动汇总得到综合单价合价、各分部工程费小计及分部分项工程费合计。

2.措施项目费

单价措施项目费的计算同分部分项工程费的计算方法。

总价措施项目费需根据现行计价定额的规定费率按项进行计算。

3.其他项目费

暂列金额、专业工程暂估价应根据招标工程量清单列出的金额计算。

计日工费用应根据招标工程量清单列出的项目、单位和暂定数量,按省级、行业建设主管部门或其授权的工程造价管理机构公布的人工单价、施工机具台班单价以及工程造价管理机构发布的工程造价信息中的材料单价计算,如图 11-8 所示。

其他项目费编制

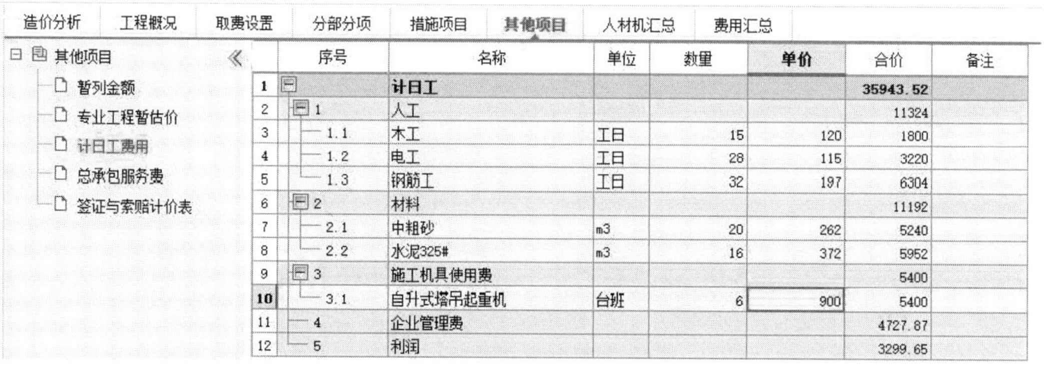

	序号	名称	单位	数量	单价	合价	备注
1		计日工				35943.52	
2	1	人工				11324	
3	1.1	木工	工日	15	120	1800	
4	1.2	电工	工日	28	115	3220	
5	1.3	钢筋工	工日	32	197	6304	
6	2	材料				11192	
7	2.1	中粗砂	m3	20	262	5240	
8	2.2	水泥325#	m3	16	372	5952	
9	3	施工机具使用费				5400	
10	3.1	自升式塔吊起重机	台班	6	900	5400	
11	4	企业管理费				4727.87	
12	5	利润				3299.65	

图 11-8　计日工费用确定

总承包服务费应根据招标工程量清单列出的内容和要求估算,估算可以参照以下标准:招标人仅要求对分包的专业工程进行总承包管理和协调时,按分包的专业工程造价的1.5%计算。招标人要求对分包的专业工程进行总承包管理和协调,并同时要求提供配合服务时,根据招标文件中列出的配合服务内容和提出的要求,按分包的专业工程造价的3%~5%计算。招标人自行供应材料、工程设备的,按招标人供应材料、工程设备价值的1%计算。

4.规费和税金

规费和税金需根据现行规定费率按项进行计算。

(四)招标控制价文件编制

1.招标控制价文件的组成

招标控制价文件主要包括封面,扉页,总说明,建设项目招标控制价汇总表,单项工程招标控制价汇总表,单位工程招标控制价汇总表,分部分项工程和单价措施项目清单与计价表,综合单价分析表,总价措施项目清单与计价表,其他项目清单与计价汇总表,暂列金额明细表,材料(工程设备)暂估单价及调整表,专业工程暂估价及结算表,计日工表,总承包服务费计价表,规费、税金项目清单与计价表等。

总说明一般应说明工程概况、招标控制价编制依据、工程质量、材料及施工等的特殊要求,以及其他需要说明的问题。

2.导出招标控制价文件及电子标

导出招标控制价文件及生成并导出电子标的方法与招标工程量清单一致。

八、评价反馈（表 11-1）

表 11-1　招标控制价编制学习情境评价表

序号	评价项目	评价标准	满分	评价			综合得分
				自评	互评	师评	
1	综合单价组价	定额套用正确； 定额工程量提量正确； 定额换算操作正确； 暂估单价、甲供材料操作正确； 价格调整操作正确	40				
2	招标控制价编制	措施项目费计算正确； 其他项目费计算正确； 规费与税金计算正确	30				
3	招标控制价文件编制	招标控制价文件组成完整,装订顺序正确； 封面、扉页及编制说明填写正确； 导出招标控制价文件操作正确； 导出招标控制价电子标操作正确	20				
4	工作过程	严格遵守工作纪律,按时提交工作成果； 积极参与教学活动,具备自主学习能力； 积极参与小组活动,具备倾听、协作与分享意识	10				
小　计			100				

九、实训总结

请针对实训任务的完成情况,进行相关知识点与技能点、知识难点与重点、工作流程与方法、自我感受等内容的梳理与总结。

一、学习情境描述

依据《建设工程工程量清单计价规范》(GB 50500—2013)、《房屋建筑与装饰工程工程量计算规范》(GB 50854—2013)、《湖北省房屋建筑与装饰工程消耗量定额及全费用基价表》(2018 版),完成实训项目投标报价的编制。投标报价封面如图 12-1 所示。

图 12-1　投标报价封面

二、学习目标

(1)新建投标项目。
(2)确定分部分项工程费、措施项目费、其他项目费、规费与税金,形成投标报价。
(3)形成投标报价文件。

三、工作任务

(1)收集并熟悉投标报价编制所需资料。
(2)依据招标工程量清单,完成投标报价的编制。

四、工作准备

(1)阅读工作任务,收集并熟悉招标文件、施工现场情况、拟定施工组织方案等投标报价编制所需资料。
(2)收集《建设工程工程量清单计价规范》(GB 50500—2013)、《房屋建筑与装饰工程工程量计算规范》(GB 50854—2013)、现行计价定额中关于投标报价编制的相关知识。

（3）结合工作任务分析投标报价编制中的难点和常见问题。

五、工作实施

1.投标项目的建立

引导问题1：新建投标项目时，应选择新建（　　　　　　　）项目，（　　　　　　　）计价模式。

引导问题2：新建投标项目时，地区标准为（　　　　　　），定额标准为（　　　　　　），单价形式为（　　　　　），模板类别为（　　　　　），计税方式为（　　　　　），税改文件为（　　　　　）。

引导问题3：新建投标项目时，如何导入电子招标书？

2.投标报价编制

引导问题4：投标报价时，综合单价应依据（　　　　　　　　　　）定额进行编制。

引导问题5：投标报价时，能否调整招标工程量清单的内容？

引导问题6：如果在招标文件中没有明确投标人应承担的风险范围及其费用，编制投标综合单价时，能否不考虑风险？

引导问题7：投标报价是企业的自主报价，那么综合单价的所有费用是否都可以由投标人自主决定？

引导问题8：投标报价时，材料单价应按（　　　　）价格确定。招标文件中确定的暂估单价和甲供材料应如何处理？

引导问题9：编制投标报价时，措施项目费应如何编制？能否自主决定？

引导问题10：编制投标报价时，其他项目费应如何编制？能否自主决定？

引导问题11：编制投标报价时，规费与税金应如何编制？能否自主决定？

3.投标报价文件编制

引导问题12：投标报价文件包括哪些内容？装订顺序是怎样的？

引导问题13：投标报价的封面、扉页应如何填写？

引导问题14：投标报价的总说明应如何编写？

六、拓展问题

（1）如需要对编制完的工程进行策略调价，应如何处理？

（2）投标时如需进行多方案报价，并进行报价对比，应如何处理？

（3）如果招标人根据投标答疑的结果更新了招标工程量清单，但此前投标人已编制了部分组价，如何在更新招标书的同时保留未做修改的组价？

七、相关知识点

（一）新建投标项目

如果投标人拿到的是纸版招标文件，就需要新建单项、单位工程。新建投标项目的步骤和方法与新建招标项目一致。需要注意的是，在选择"清单计

新建投标项目

价"模式后,需单击"新建投标项目"。

当采用电子招投标时,可以在软件中导入电子招标书。进入广联达云计价平台 GCCP5.0,单击"新建"→"新建招投标项目",选择"清单计价"模式,单击"新建投标项目"。选择"电子招标书",单击"浏览",浏览并选择电子招标书文件所在路径,单击完成后会出现新建进度条,当进度条前进到100%后,电子招标书即导入完成,如图 12-2 所示。

图 12-2　电子招标文件导入

（二）投标价

投标价是投标人响应招标文件要求报出的对已标价工程量清单汇总后标明的总价。投标价应由投标人或受其委托具有相应资质的工程造价咨询人,依据招标文件,招标工程量清单,企业定额,国家或省级、行业建设主管部门颁发的计价定额和计价办法,拟定的施工组织设计等相关资料,自主确定投标报价。其编制要点如下。

1.一般规定

投标人必须按照招标工程量清单填报价格。项目编码、项目名称、项目特征、计量单位、工程量必须与招标工程量清单一致。

投标总价应当与分部分项工程费、措施项目费、其他项目费和规费、税金的合计金额一致。投标价不得低于工程成本。投标人的投标报价高于招标控制价的,应予废标。

2.综合单价

招标工程量清单与计价表中列明的所有需要填写单价和合价的项目,投标人均应填写且只允许有一个报价。

综合单价应根据招标文件和招标工程量清单中的项目特征描述计算。

综合单价中应包括招标文件中划分的应由投标人承担的风险范围及其费用,招标文件中没有明确的,应提请招标人明确。

3.总价措施项目费

措施项目中的总价项目金额应根据招标文件及投标时拟定的施工组织设计或施工方案

自主确定。其中,安全文明施工费不得作为竞争性费用。

4.其他项目费

其他项目中的暂列金额应按招标工程量清单中列出的金额填写。材料、工程设备暂估价应按招标工程量清单中列出的单价计入综合单价。专业工程暂估价应按招标工程量清单中列出的金额填写。计日工应按招标工程量清单中列出的项目和数量,自主确定综合单价并计算计日工金额。总承包服务费应根据招标工程量清单中列出的内容和提出的要求自主确定。

5.规费与税金

规费与税金必须按国家或省级、行业建设主管部门的规定计算,不得作为竞争性费用。

（三）投标报价编制

投标报价的编制方法与招标控制价一致,但投标报价是施工企业基于自身情况进行的自主报价,有其自身特点。

1.费率调整

（1）在一级导航栏选择"编制",在项目结构树中选择相应的单位工程。

（2）在二级导航栏选择"费用汇总",单击功能区的"载入模板",然后根据工程实际情况,选择需要使用的费用模板,单击"确定"按钮,即载入模板成功,如图12-3所示。

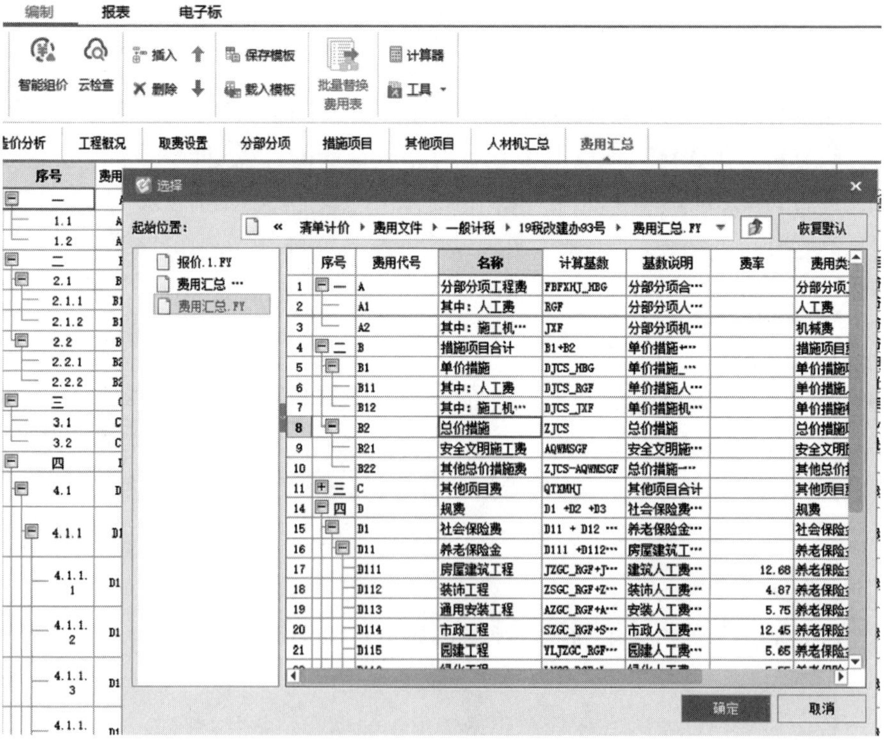

图12-3　载入费用模板

（3）根据工程实际情况,对标准模板进行调整。选中需要插入数据行的位置,单击鼠标右键,选择"插入";对插入行和相关影响行数据进行输入及调整,双击插入行各单元格,输入相应内容。

（4）单击功能区的"保存模板"，将费用模板保存在指定位置，可供后期调用。

2.响应招标材料

投标人在导入招标文件，进行投标工程组价时，需要将投标工程中的材料与招标暂定单价材料进行响应关联，如图 12-4 所示。

图 12-4　响应招标材料

（1）将光标定位到项目结构树节点，二级导航切换到"人材机"。

（2）单击分栏显示区的"暂估材料表"，单击暂估材料页签；单击"关联暂估材料"，软件可以根据编码、名称、规格型号进行自动关联。

（3）自动关联不上的，或采用纸质资料投标时，可以采用手动勾选的方式进行关联。

3.总价措施项目费

投标人进行投标报价时，可以依据拟定的施工组织方案，自主确定总价措施项目及金额。在软件中，应按以下步骤完成调整：

（1）在二级导航栏选择"措施项目"，光标移至"总价措施项目"，单击"插入"→"插入子项"，输入项目编码、名称。

（2）单击"计算基数"，在"费用代码"窗口双击选择需要的费用代码，添加到计算基数中，并确定费率。

（3）通过"保存模板"和"载入模板"快速将其调整为工程需要的模板，方便下次使用。

4.不可竞争费用

总价措施项目中的安全文明施工费、规费与税金均属于不可竞争费用，因此必须按照国家或省级、行业建设主管部门的规定计价，不得删除或调整费率。

5.调价

对编制完的工程投标价，可以依据投标策略，运用统一调价、强制修改综合单价等方式进行策略调价。

1）统一调价

需要对项目投标报价进行统一调整时，可以进行指定造价调整或造价系数调整。

将光标定位到项目结构树节点，单击"统一调价"→"指定造价调整"，软件弹出"指定造价调整"窗口，在目标造价处输入目标造价金额，选择调整方式，单击"工程造价预览"按钮可显示调整额，单击"调整"按钮即可完成调整，如图 12-5 所示。

图 12-5　指定造价调整

将光标定位到项目结构树节点，单击"统一调价"→"造价系数调整"，软件弹出"造价系数调整"窗口，单击"人材机单价"或"人材机含量"，选择锁定材料，单击"工程造价预览"按钮可显示调整额，单击"调整"按钮即可完成调整，如图 12-6 所示。

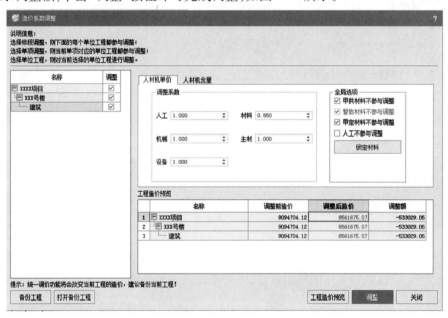

图 12-6　造价系数调整

2）强制修改综合单价

需要对某一分部分项清单的综合单价进行单独调整时，将光标移至清单综合单价处，单击鼠标右键，选择"强制修改综合单价"，软件弹出相应窗口，输入调整后的综合单价，选择调整方式，单击"确定"按钮即可，如图 12-7 所示。

强制修改
综合单价

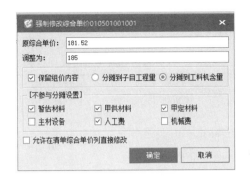

图 12-7 强制修改综合单价

(四)投标报价文件编制

1.投标报价文件的组成

投标报价文件主要包括封面,扉页,总说明,建设项目投标报价汇总表,单项工程投标报价汇总表,单位工程投标报价汇总表,分部分项工程和单价措施项目清单与计价表,综合单价分析表,总价措施项目清单与计价表,其他项目清单与计价汇总表,暂列金额明细表,材料(工程设备)暂估单价及调整表,专业工程暂估价及结算表,计日工表,总承包服务费计价表,规费、税金项目清单与计价表等。

总说明一般应说明工程概况、投标报价编制依据、工程质量、材料及施工等的特殊要求,以及其他需要说明的问题。

2.导出投标报价文件及电子标

导出投标报价文件及生成并导出电子标的方法与招标工程量清单一致。

八、评价反馈（表12-1）

表 12-1　投标报价编制学习情境评价表

序号	评价项目	评价标准	满分	评价			综合得分
				自评	互评	师评	
1	新建投标项目	投标项目的各项标准采用正确； 投标项目结构正确	20				
2	投标报价编制	费率标准采用正确； 综合单价组价正确； 总价措施项目费调整正确； 其他项目费计取正确； 规费与税金计取正确	50				
3	投标报价文件编制	投标报价文件组成完整，装订顺序正确； 封面、扉页及编制说明填写正确； 导出投标报价文件操作正确； 导出投标报价电子标操作正确	20				
4	工作过程	严格遵守工作纪律，按时提交工作成果； 积极参与教学活动，具备自主学习能力； 积极参与小组活动，具备倾听、协作与分享意识	10				
	小　计		100				

九、实训总结

请针对实训任务的完成情况,进行相关知识点与技能点、知识难点与重点、工作流程与方法、自我感受等内容的梳理与总结。

参考文献

[1] 中华人民共和国住房和城乡建设部.建设工程工程量清单计价规范:GB 50500—2013 [S].北京:中国计划出版社,2013.

[2] 中华人民共和国住房和城乡建设部.房屋建筑与装饰工程工程量计算规范:GB 50854—2013[S].北京:中国计划出版社,2013.

[3] 住房和城乡建设部标准定额研究所.《建筑工程建筑面积计算规范》宣贯辅导教材[M].北京:中国计划出版社,2015.

[4] 广联达课程委员会.广联达算量应用宝典——土建篇[M].北京:中国建筑工业出版社,2019.

[5] 广联达课程委员会.广联达土建算量精通宝典——案例篇[M].北京:中国建筑工业出版社,2020.

[6] 顾娟.建筑工程计量与计价[M].北京:科学出版社,2020.

[7] 蔡跃.职业教育活页式教材开发指导手册[M].上海:华东师范大学出版社,2020.

[8] 闫玉红,冯占红.钢筋翻样与算量[M].2版.北京:中国建筑工业出版社,2013.

[9] 湖北省建设工程标准定额管理总站.湖北省建筑安装工程费用定额[S].武汉:长江出版社,2018.

[10] 湖北省建设工程标准定额管理总站.湖北省建设工程公共专业消耗量定额及全费用基价表[S].武汉:长江出版社,2018.

[11] 湖北省建设工程标准定额管理总站.湖北省房屋建筑与装饰工程消耗量定额及全费用基价表[S].武汉:长江出版社,2018.